河南省开展信息进村入户工程
整省推进示范信息员培训教材

益农社信息员服务操作手册

农业追溯云　追溯新生活
打造绿色安全食品追溯链
从农田到餐桌，全程可追溯，每一口都安心。

河南省农业厅
河南腾跃科技有限公司　编著　 黄河水利出版社

图书在版编目（CIP）数据

河南省开展信息进村入户工程整省推进示范信息员培训教材：全四册 / 河南省农业厅，河南腾跃科技有限公司编著. —郑州：黄河水利出版社，2018.4
　　ISBN　978 - 7 - 5509 - 2023 - 1

　　Ⅰ. ①河…　Ⅱ. ①河… ②河…　Ⅲ. ①信息技术 - 应用 - 农业 - 技术培训 - 教材　Ⅳ. ①S126

中国版本图书馆 CIP 数据核字（2018）第 075340 号

组稿编辑：简群　电话：0371-66026749　E-mail：931945687@qq.com

出　版　社：黄河水利出版社
　　　　　　地址：河南省郑州市顺河路黄委会综合楼 14 层　　　　邮政编码：450003
发行单位：黄河水利出版社
　　　　　　发行部电话：0371-66026940、66020550、66028024、66022620（传真）
　　　　　　E-mail：hhslcbs@126.com
承印单位：河南美图印刷有限公司
开　　本：890 毫米×1 240 毫米　1/16
印　　张：32
字　　数：538 千字　　　　　　　　　　印数：1—50 000
版　　次：2018 年 4 月第 1 版　　　　　印次：2018 年 4 月第 1 次印刷
定　　价（全四册）：55.00 元

《河南省开展信息进村入户工程整省推进示范信息员培训教材》编写委员会

编写人员：李道亮　郑国清　马新明　杨玉璞

薛　红　王志勇　陶宜旭　黄　蕤

安鹏飞　刘　威　张　军　魏　萍

李　兵　王志远　司梦实　高　克

霍　威　刘志华　侯朝濮　赵金甲

李国强　闫晓荣　赵　瑾　宁东海

高　丽　王俊阳　耿　岩　牛圆春

高　飞

内 容 提 要

本套培训教材主要作为河南省信息进村入户工程益农信息社信息员培训教材使用，共包含 4 本，分别是《益农社政策指南与案例介绍》《益农社信息员服务操作手册》《益农社农民手机应用指南》《互联网＋农村服务新体系建设与运营》。主要内容如下：

（1）《益农社政策指南与案例介绍》：①介绍国家、部委、省、市下发的益农社（信息进村入户）有关政策性指导文件等；②介绍益农信息社标准站、专业站、简易站建设运行案例。

（2）《益农社信息员服务操作手册》：①介绍益农社信息员的定义及概述；②介绍益农社的"四大服务"；③介绍益农社信息员使用平台栏目开展的"四大服务"操作步骤等。

（3）《益农社农民手机应用指南》：①介绍信息进村入户工程手机版"四大服务"功能及其操作；②介绍手机常用的金融支付方式；③介绍益农信息社信息员防诈骗手段等。

（4）《互联网＋农村服务新体系建设与运营》：①介绍农村服务新体系；②介绍益农社信息员开展的"买、卖、推、缴、代、取"六大业务；③介绍河南省农产品质量安全生产追溯等。

前　言

　　近年来，我国农业农村形势稳中向好，为经济社会发展全局提供了基础支撑。

　　但同时，当前我国最大的发展不平衡仍是城乡发展不平衡，最大的发展不充分仍是农村发展不充分。农业发展质量效益和竞争力不高，农民增收后劲不足，农村自我发展能力较弱，城乡差距依然较大。城乡二元结构是制约我国农村发展的重要因素。彻底打破城乡二元结构，需要坚持不懈地深化改革、统筹发展。

　　党的十九大提出实施乡村振兴战略，广袤农村由此迎来历史性的重大发展机遇。调结构、增绿色、提效益，贫困村齐心协力摘穷帽。农业和农村改革发展的热潮不断涌动。

　　党的十九大报告指出，建立健全城乡融合发展体制机制和政策体系。对此，农业部部长韩长赋认为，贯彻农业农村优先发展指导思想，要进一步调整理顺工农城乡关系。"在要素配置上优先满足，在资源条件上优先保障，在公共服务上优先安排，加快农业农村经济发展，加快补齐农村公共服务、基础设施和信息流通等方面短板，显著缩小城乡差距。""努力让农业成为有奔头的产业，让农民成为有吸引力的职业，让农村成为安居乐业的美丽家园。"

　　农业部农村经济研究中心主任宋洪远说，科学实施乡村振兴战略要有清晰的思路和措施，关键在于土地政策、产权制度、经营体系和政策体系这四个方面，要按照融合发展的角度完善体制机制。

　　国家发改委召开的 2018 年度工作会议已确定，落实乡村振兴战略重大举措，科学制订国家乡村振兴战略规划，构建现代农业产业体系、生产体系、经营体系，确保国家粮食安全，建设美丽宜居乡村。这将是 2018 年我国农业农村发展改革的主要任务和重点工作。

　　中央经济工作会议确定，农业政策从增产导向转向提质导向，这也是近年来我国深入推进农业供给侧结构性改革的政策取向。其中，调整农业结构，促进农村一、二、三产业融合发展，把增加绿色优质农产品放在突出位置，是改革的重中之重。

农业农村的发展是一个长期的过程。需要农村不断创新发展理念和举措，需要政府多角度、持续的引导和服务，更需要社会力量不断注入。更可喜的是，近年来，互联网尤其是移动互联网的广泛应用正在大大加速改革发展进程，农业物联网、农村电子商务与农村互联网金融等的兴起与注入，让古老而传统的乡村与乡民迅速进入了信息化的新时代，为有效破除城乡二元结构、推动农村经济社会发展带来新的希望和契机。同时，农民、政府、社会等多方合力，把握好互联网＋的机遇，对于深入推进农业农村服务方式转变，增进农民的福祉具有非凡意义。

本套培训教材由河南省农业厅及河南腾跃科技有限公司联合编著，旨在为广大涉农单位、农民、农企提供信息进村入户工程各项服务指南，方便各主体了解信息进村入户服务体系整体规划和服务内容，以及运营模式，加强相互理解和配合，为实现乡村振兴战略奠定基础。

目　　录

第一章 益农信息社简介

第一节 益农信息社概述

益农信息社是农业部信息进村入户工程，以服务"三农"为宗旨，以便民、惠民、利民、富民为目标，将农业信息资源服务延伸到乡村和农户，通过开展农业公益服务、便民服务、电子商务服务、培训体验服务提高农民的现代信息技术应用水平，为农民解决农业生产上的产前、产中、产后问题和日常健康生活等问题，为农民免费提供网上农业专家咨询、技术培训、法律服务等，为周围农民代订、代购正规厂家的补贴性种子、农药、化肥、农机等和日用生活用品、电子产品等，发布农产品供应、劳务信息等服务，引导农民利用信息化手段改变传统的生活方式，缩短城乡数字鸿沟，促进农村现代文明，助推农村经济和城乡一体化发展。

第二节 益农信息员概述

一、信息员管理办法

（一）信息员选择标准

（1）村级信息员符合"有文化、懂信息、能服务、会经营、有热情"的标准。有文化是指具有初中以上学历；懂信息是指能熟练使用计算机等办公设备和互联网；能服务是指沟通能力强、服务态度好、有责任心；会经营是指有一定经营能力；有热情是指热爱村级益农信息社，热心为村民提供服务。

（2）村级信息员重点在村组干部、大学生干部、农村经纪人、农业生产经营主体带头人和农村商超店主中选定，在同等条件下优先选择返乡大中专毕业生、返乡农民工、农村青年、巾帼致富带头人和退役士兵等人员。

（二）信息员工作标准

（1）村级信息员须遵守国家法律法规，按照河南省开展信息进村入户工程整省推进示范的有关标准规范，开展经营和服务。

（2）村级信息员依托省级信息进村入户综合信息服务平台为村民提供"买、卖、推、缴、代、取"等服务，做好服务记录。

①买是通过授权的电子商务平台，为村民、新型农业经营主体购买农业生产资料和生活用品等。

②卖是帮助村民、新型农业经营主体在电子商务平台上销售当地的特色农产品和手工艺品等，发布各类供求消息，解决销售难的问题。

③推是通过村级益农信息社站点、网页、"12316"三农服务热线等开展线上线下相结合的信息服务，精准推送农业生产经营、政策法规、村务公开、惠农补贴查询、法律咨询、就业、产业扶贫等公益服务信息及现场咨询。

④缴是为村民代缴话费、水电费、燃气费、有线电视费、宽带费、医疗保险等，使村民不出村、新型农业经营主体不出户即可办理相关业务事项。

⑤代是为村民代办车票预订、婚庆、租车、邮政、金融、快递、旅游、彩票等商业服务。

⑥取是为村民提供快递信件代收、养老保险代取、小额取款等业务，方便本村村民生活。

（3）深入了解本村村民生产生活及信息需求，对本村网页需要的图文信息资料等进行收集、加工、采编、美化、上传，并定期更新。

（4）负责村级益农信息社管理，做到室内物品摆放有序，各种设备整洁无尘，使之处于良好的运行状态。

（三）信息员考核

（1）考核按照年度进行，于每年年末或次年年初开展。

（2）考核采取线上、线下相结合的方式，线上考核通过信息进村入户综合信息服务平台检查数据信息上传和服务记录情况，线下考核采取实地检查或抽查。

（3）信息员考核结果分为优秀、合格、不合格。考核结果≥90分的为优秀；70分≤考核结果＜90分的为合格；考核结果＜70分的为不合格。对当年考核为优秀的信息员给予通报表扬；对当年考核不合格的信息员给予提醒，加强培训；对连续两年考核不合格的信息员，终止其信息员资格。

（4）对违法违规经营的村级信息员，终止其信息员资格，依法依规追究其责任；构成犯罪的，依法追究刑事责任。

详细考核标准请参照附录《河南省开展信息进村入户工程整省推进示范村级益农信息社及村级信息员管理考核办法》。

二、信息员工作职责

（1）严格遵守国家计算机信息网络管理规定及信息服务站规章制度。

（2）及时为广大农民提供农业政策、法律、教育、卫生、农村经济发展动态、农产品市场信息等各类信息服务。

（3）热心向广大农民传授上网查询和购买、发布农产品操作技能，使农民尽快掌握电脑操作技术。

（4）向农民提供各类农业生产资料、技术、新产品信息、气象信息，利用网络组织专家向农民提供产前、产中、产后的技术服务，让种养大户、广大农民有目标地发展生产，协助做好农民的农产品购销工作，努力解决农民农产品卖难的问题。

（5）向农民提供有关的代收、代取物件包裹、保险、金融服务，帮助农民依法生产、依法经营，维护广大农民的合法权益，搞好其他综合服务。

（6）积极配合上级部门开展农村服务工作，接受指导和监督，完成上级部门交办的其他工作。

三、信息员培训

（一）培训内容

主要包括信息技术基础知识、服务技能和农业农村政策。

1. 基础知识

（1）电脑、智能手机的操作使用方法、基本应用技能和常用的电脑软件、手机软件（APP）的下载与应用。

（2）互联网、移动互联网、物联网、大数据、云计算等现代信息技术的基础知识和电子商务、共享经济等互联网时代新思维、新模式的应用案例。

（3）传统农业与现代农业的内涵、区别以及发展过程。

（4）农业农村信息化基础知识，包括农业农村信息化的概念和内涵，农业农村信息采集的原则、方法和重点，农业农村信息的整理、分析和加工，农业农村信息传播的方式、方法，农业农村信息服务的原则、方法和内容等。

（5）农业农村电子商务的内涵、发展思路、主要模式、应用前景、发展策略和经典案例解读等，重点培训特色农产品"触网"上行的策略和方法。

（6）农业物联网、农产品质量安全追溯基础知识培训。

（7）根据各地"三农"发展实际需要，应掌握的相关基础知识。

2. 服务技能

（1）村级益农信息社配置的 Wi-Fi、"12316"电话、便民信息播放终端等设备的应用服务技能。

（2）河南省省级信息进村入户综合信息服务平台、H5 手机综合管理系统（包括独立 APP 和微信公众号）的操作和应用，以及信息获取、上传、发布、更新和统计分析的方式、方法。

（3）益农信息社拥有的公益、便民、电商、培训体验等各类公益性服务和商业性服务资源的应用和推广。

（4）电商网店的运营推广及农产品品牌的宣传培育。

（5）村级益农信息社服务流程、信息员职责等信息进村入户工程有关规章制度。

（6）与网络金融、保险、教育、文化、医疗、乡村旅游相关的实用技术及网络防诈骗知识等。

（7）农业物联网、农产品质量安全追溯、农产品电商等软件平台和智能设备操作技能。

（8）根据各地"三农"发展实际需要，应掌握的相关技能。

3. 农业农村政策

（1）国家和各级政府当前制定的强农惠农政策，包括农民直接补贴、支持新型农业经营主体发展、支持农业结构调整、支持农村产业融合发展、支持绿色高效技术推广服务、支持农业防灾救灾等方面的政策。

（2）中央、省委省政府关于农业农村信息化建设的相关政策。

（3）中央、省委省政府关于开展信息进村入户工程整省推进示范的相关政策。

（二）培训方式

采取"集中培训＋上门培训＋网络培训"的多元化培训模式。

1. 集中培训

集中培训是把各县（市、区）的村级信息员集中到指定的培训地点进行强化培训，具体可通过专家现场授课、基地实训（现场观摩学习）等方式开展。为充分发挥益农信息社专业站提高农业生产智能化和经营网络化水平的作用，专业站信息员的集中培训原则上应选择在农业物联网、农产品质量安全追溯、农业电子商务、农业企业信息化等方面具有先进的智能设备、成熟的软件应用系统以实践应用案例的农业信息化综合培训体验基地开展，课程设置必须安排有现场观摩学习和现场体验操作环节。累计培训时间为3天，共24个学时。

2. 上门培训

上门培训即上岗培训，是运营商在村级益农信息社建设过程中，安排专门的运营指导人员或技术指导人员，围绕信息平台的注册使用、设备的使用维护等内容，对村级益农信息社的村级信息员进行面对面、一对一的培训。累计培训时间为2天，共16个学时。

3. 网络培训

网络培训是通过网络电视、电脑、智能手机等媒介，对村级信息员提供远程教育。一方面，依托省级信息进村入户综合信息服务平台、"12316"三农服务热线、网络远程视频终端等载体，为村级信息员提供电脑、智能手机、农业物联网等智能设备的操作指导，提供农业生产经营、农业农村信息化、农民手机应用APP等先进技术和理念的培训体验。另一方面，利用农业APP或涉农信息服务平台开展网络辅助培训，其中基础知识和服务技能（村级益农信息社培训课程）为必修课程，公共基础课、经营管理课、产业技术课和共享课（种植养殖视频课程）为选修课程，所有课程免费收视。累计培训时间为2天，共16个学时。

详细培训要求请参照附录《河南省开展信息进村入户工程整省推进示范村级信息员培训实施方案》。

（三）培训结果反馈

培训结果要以书面的形式进行汇编和汇总，并对培训时搜集的问题，逐一向各级、各部门进行反馈，并跟进后期问题处理的结果。

对于培训方和受训方，要求做到以下几点：

（1）培训方每次培训都要有翔实的、令人信服的培训调查数据，让企业了解培训的意义及带来的价值收益，打消业主培训的疑虑心理，以获得更大的资源支持，把有限的培训时间用到最能为企业创造经济效益的课题上来。

（2）参与培训的企业，完善管理。向培训项目的各个支持部门反馈结果，沉淀成果，揭露不足，总结经验，使其在今后的企业工作中进一步的完善。

（3）对于执行运营人员，要做到精益求精。要促使培训师根据培训评估结果，不断升级版本课程，提升培训质量，改善教学效果。

（4）培训部把评估结果反馈给受训信息员，根据结果查找不足，校正行为。

第二章　河南省涉农信息服务平台介绍

第一节　河南省信息进村入户综合服务平台

一、河南省信息进村入户综合服务平台功能介绍

河南省信息进村入户综合服务平台，管理和运营全省益农信息社，服务全省农业；整合河南省现有各类农业信息服务系统，整合涉农部门信息资源和服务资源，加快公共服务体系与基层农业服务体系融合，是集成农技推广、农产品质量安全监管、农业物联网服务、农机作业调度、动植物疫病防控、测土配方施肥、农村"三资"管理、政策法律咨询等业务体系服务农民的信息通道、沟通手段和管理平台；引导气象、交通、教育、文化、科技、医疗、就业、银行、保险、电信、邮政、供销等涉农资源信息接入，有效对接全国党员干部现代远程教育网络、农村社区公共服务设施和综合信息平台，推动涉农服务事项一窗口办理、一站式服务；实现农业公益服务、便民服务、电子商务、培训体验服务等。

深入推进信息进村入户"云、网、端"建设，提升农业农村网络化服务水平。统一部署"云"的建设，构建信息进村入户省级综合信息服务云平台，推动公益、便民、电子商务、培训体验等服务资源的数据化和在线化，推动涉农服务事项一窗口办理、一站式服务；信息进村入户省级云平台同国家信息进村入户公益平台和河南省网上政务服务平台对接，实现数据和服务资源的共享；省级以下不再建设实体平台，采用虚拟平台共享省级平台资源。协同推进"网"的建设，对接涉农部门现有服务资源和网络，推动信息进村入户云平台和粮食绿色高产高效创建信息化管理、农业物联网综合支撑服务、土地流转及土地承包经营权信息应用、农机信息化管理及指挥调度、农产品全过程质量安全追溯监管服务、"12316"三农热线综合服务、农业监测预警、农兽药基础数据、重点农产品市场

信息、新型农业经营主体信息直报等农业行业信息化系统数据共享；依托省政务数据共享交换平台，推动信息进村入户云平台和教育、科技、财政、交通运输、商务、卫生、气象、银行、供销等涉农数据的共享；对接社会化服务资源，推动信息进村入户云平台共享电子商务、IT、农资、保险、金融等社会化企业的网络服务系统资源。创新开展"端"的建设，在建设好"益农信息社"这个线下服务"端"的基础上，鼓励通过整合现有资源和社会化资源，提供信息服务的线上服务"端"，重点支持依托智能手机为农民提供涉及政策、市场、科技、保险等生产生活信息的 APP、微信公众号等移动应用服务"端"。

河南省农业厅联合运营商共同建设综合信息服务平台。平台突出数据采集、信息发布、农产品上行、生产资料下行和河南农产品品牌推介功能，健全完善农户、新型农业经营主体、农村集体资产、农业自然资源、农业科技知识等基础信息数据库，充分利用益农信息社监测和采集农情、疫情、灾情、行情、社情，运用大数据技术深度挖掘分析，为政府决策、农户经营、市场引导提供信息支撑。支持应用行政、技术、市场等手段，推进平台同相关涉农信息资源的融合共享，提供农业物联网、农产品质量安全追溯、测土配方施肥、农机智能作业、农技推广等政府各涉农部门信息化应用系统和电商、医疗、就业等各类社会化信息服务平台接口。鼓励同教育、科技、财政、交通运输、商务、卫生、气象、银行、供销等部门的公共信息服务平台进行对接，实现涉农数据的资源共享和互联互通。省级平台要预留端口，同国家平台和市、县平台互联互通，市、县、乡、村不再建设实体平台，采用虚拟平台共享省级平台资源。平台按照"谁主管谁负责、谁运行谁负责"的原则进行运维管理，省级平台由省农业厅负责管理。

（一）省级服务平台运行环境

益农信息社省级平台提供云服务支撑，主要包括云计算、云存储、容灾备份等基础设施的支撑服务，具体包含云主机操作系统、云主机数据盘、云存储空间、云数据库、云数据库 SSD 数据盘、负载均衡服务、虚拟专有网络、基础安全服务、高级安全服务、网页防篡改、分布式应用服务框架、大数据分析、应用汇聚服务、集成与管理服务、数据备份等云平台在数据中心的托管运维服务。云主机采用 1600 核 CPU，6400GB 内存，云主机数据盘不低于 40TB，云存储空间不低于 2PB（每个益农信息社提供 500GB 的数据存储空间，总计约 22920TB 的存储空间）。

（二）省级平台网络架构

平台总体网络结构依托于第三方云服务器租赁公司，在公用网络区域部署平台信息进村入户综合服务支撑应用，在数据存储区域部署本平台所需的结构化存储系统数据库和非结构化存储系统实现平台数据的存储（见图 2-1）。

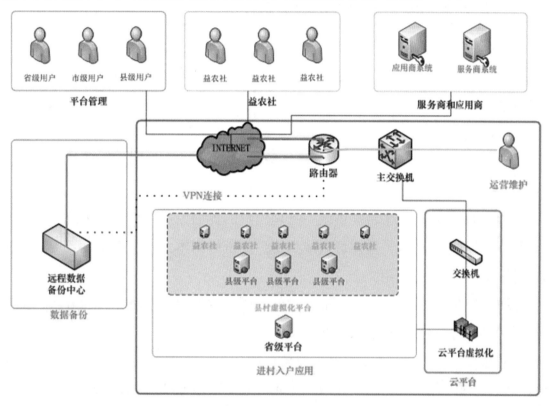

图 2-1 省级平台网络架构图

（三）省级服务平台支撑环境

充分考虑河南省实际情况，满足全省益农信息服务社服务、全省农村农民提供信息进村入户服务、全省特色农产品上行服务，省级平台采用云托管服务方式，弹性云平台达到弹性计算、按需付费的目的。

总平台结构为运营商、企业和现有网络和新建益农信息社站点相结合，采用互联网技术、移动互联网技术、物联网技术、大数据技术、电子商务技术等，把公益服务、便民服务、电子商务服务、培训体验服务送进全省千家万户。

按照总平台采集数据集中处理、分区域管理、统一规划、分步建设方针，把省县村三级益农信息服务体系进行数据处理，将省级总平台、县级虚拟平台、村级益农信息社站点应用平台有机结合，最终实现信息精准到户、服务方便到村。

软件开发采用跨平台的 JAVA 企业级技术，保证平台安全性、可靠性和稳定性。

（四）省级服务平台安全系统建设标准

根据《信息系统安全保护等级定级指南》（GB/T 22240—2008），该平台的信息安全等级拟定为三级，即安全标记保护级。该平台的建设依据《信息系统安全等级保护基本要求》（GB/T 22239—2008）信息安全等级保护三级的标准对平台安全进行安全规划。

1. 身份认证

（1）用户管理。为平台提供统一管理用户的界面。用户管理集中统一后，每个用户账号只申请一次，这样可以减少用户身份的副本，增加安全性，用户数据只维护一次即可到处使用。

用户管理除了提供单个录入的方式外，还提供方便的批量导入的方式，批量导入的数据经校验后直接进入系统中。

用户管理中可以通过维护用户与角色的关系，来增加或撤销用户已有的角色，然后通过"用户—角色—权限"三元对应关系，可以获取用户具有的权限。

（2）统一身份认证。身份认证采用中央认证服务的方式来完成，每个系统不再需要自己的身份认证，实际的身份认证都自动转发到中央认证服务，由中央认证服务来完成。

（3）单点登录。用户经统一身份认证之后，如果需要进入其他系统，不需要再次登录认证，从而为用户提供多应用系统方便的单点登录功能，实现"一点登录、多点漫游"的功能。

2. 授权管理

通过建立统一用户授权管理系统，为平台的各应用子系统提供通用的、支撑性的用户管理，实现可靠访问控制，提供用户管理的高效性，降低后台管理人员的维护工作量，并通过共享的用户信息服务，将各应用系统有机地整合在一起，实现互联互通，消除"信息孤岛"。

统一用户授权管理采用基于角色的访问控制授权管理模型，通过角色信息与应用系统内部权限信息的映射，形成"用户—角色—权限"三元对应关系，对各类用户进行严格的访问控制，以确保应用系统不被非法或越权访问，防止信息泄露。

（1）角色管理。在基于角色的访问控制（RBAC）权限模型中，角色处于核心的位置。角色与用户关联、与权限关联，在有用户组的模型中，角色还可以和用户组关联，在更灵活的 RBAC 模型中，角色还可以和组织机构关联。

访问控制都集中在角色与权限的关联上，不同用户拥有不同的角色，不同角色拥有不同的权限。通过获取用户的角色合集，最终可以得到用户拥有的权限合集，从而可以对用户能访问的内容进行控制，不同权限拥有不同的访问内容。

（2）权限管理。权限管理包括功能权限和数据权限的管理。功能权限主要是控制菜单、按钮等某项具体功能；数据权限主要是控制在同一个功能下，能够看到的数据范围（包括数据项和数据记录集的数目）。

与用户管理相似，权限管理中可以通过维护权限（包括功能权限和数据权限）与角色的关系，来增加或撤销角色已有的权限，然后通过"用户—角色—权限"三元对应关系，可以获取用户具有的权限。

3. 安全审计

对系统的操作记录提供事后审计和日志统计，保证系统操作的可追溯性和安全性。

系统内提供了详细的日志统计功能，对所有用户角色在各功能模块的操作都进行了记录，形成详细的日志信息，一旦出现任何问题，可通过日志查找根源。

部署第三方审计产品，如数据库审计、综合日志审计、运维审计。对数据库攻击事件及其他网络攻击事件进行关联分析，透过事件的表象真实地还原事件背后的信息。对于运维人员日常运维行为进行全程审计，生成操作日志。

4. 软件容错

软件容错的主要目的是提供足够的冗余信息和算法程序，使系统在实际运行时能够及时发现程序设计错误，采取补救措施，以提高软件可靠性，保证整个计算机系统的正常运行。在系统软件设计时充分考虑软件容错设计，包括：提供数据有效性检验功能，保证通过人机接口输入或通过通信接口输入的数据格式或长度符合系统设定要求；具备自保护功能，在故障发生时，应用系统应能够自动保存当前所有状态，确保系统能够进行恢复。

（五）省级服务平台功能

省级服务平台功能列表见表2-1。

表 2-1　省级服务平台功能列表

序 号	系 统 名 称
一	平台门户网站
（一）	公益服务模块
1	"12316" 服务
2	专家视频系统
3	政策资讯系统
4	市场价格行情系统
5	农技推广系统
8	务工信息服务
9	测土配方查询系统
10	农业补贴查询系统
11	综合信息发布系统
12	乡村数据档案采集系统
13	环境信息采集及预警分析系统
14	远程诊断及农业专家系统
15	水肥一体化智能控制系统
16	农资进销存管理系统
17	设施农业物联网应用系统

续　表

序　号	系统名称
18	生产主体备案系统
19	农产品质量追溯信息采集系统
20	农残检测数据处理系统
21	企业违规及曝光管理系统
22	产品溯源信息多类别查询系统
23	产地地理信息标识系统
24	名优农产品3D展示系统
25	三品一标认证申报系统
（二）	**便民服务模块**
1	电信类增值服务
2	生活缴费服务
3	医疗挂号服务
4	票务预订查询服务
6	在线警务便民系统
7	金融保险类便民服务
8	快递查询服务
9	社保类服务
10	生产类社会化服务
（三）	**电子商务服务模块**
1	农特产品商城系统
2	生产资料商城系统
3	生活资料商城系统
4	可溯源查询系统
5	电子商务服务系统
（四）	**培训体验服务模块**
1	知识管理系统
2	在线培训学习系统

续 表

序 号	系 统 名 称
3	培训管理及统计系统
4	受训职业农民管理系统
二	**益农信息社管理子平台**
1	行政管理系统
(1)	益农信息社信息员管理模块
(2)	益农信息社统计分析模块
(3)	益农信息社 GIS 分类管理模块
(4)	益农信息社报表模块
2	益农信息社建设管理系统
(1)	益农信息社分类管理模块
(2)	益农信息社工程管理模块
三	**益农信息社运营服务子平台**
1	站点信息采集系统
(1)	采集信息管理模块
(2)	信息上报模块
(3)	信息在线填报模块
(4)	信息采集统计分析模块
四	**公益服务与公共资源集成子平台**
1	公益服务接口系统
(1)	公益服务接口管理模块
(2)	公益服务接口服务模块
(3)	公益服务统计分析模块
五	**大数据服务子平台**
1	大数据信息源系统
(1)	采集配置模块
(2)	人工采集模块
(3)	自动采集模块

序　号	系 统 名 称
（4）	在线采集模块
2	大数据平台应用系统
（1）	公益服务大数据模块
（2）	便民服务大数据模块
（3）	电子商务大数据模块
（4）	培训体验大数据模块
（5）	农产品质量追溯大数据模块
（6）	农业物联网应用大数据模块
六	**智能手机应用 APP**
1	政务版 APP
（1）	APP 管理模块
（2）	APP 监管模块
（3）	APP GIS 模块
（4）	APP 采集模块
2	益农信息社版 APP
（1）	服务功能 APP 模块
（2）	电子商务 APP 模块
（3）	培训服务 APP 模块
（4）	益农信息社站点管理 APP
3	农户版 APP
（1）	服务导航模块
（2）	村站模块
（3）	商城模块
（4）	个人中心模块
七	**豫农 H5 监管平台**
1	WEB 信息适配系统
（1）	WEB 浏览器检测模块

续　表

序　号	系 统 名 称
（2）	WEB 浏览器安全检测模块
（3）	WEB 浏览器适配模块
（4）	WEB 浏览器适配模板管理模块
2	H5 信息转换系统
（1）	HTML 格式化模块
（2）	音频格式转换功能模块
（3）	视频格式转换功能模块
3	豫农 H5 门户系统
（1）	H5 基础信息管理模块
（2）	H5 工程监管模块

二、河南省信息进村入户综合服务平台七大系统介绍

（一）平台门户网站

按照农业部规定的益农信息社服务内容，提供汇聚公益、便民、电商、培训体验等信息服务资源，提供"一站式"的信息服务。主要功能模块应包括公益服务、便民服务、电子商务服务、培训体验服务等四类服务板块。

（二）益农信息社管理子平台

益农信息社管理子平台主要面向省、市、县农业行政部门提供益农信息社的在线管理服务，具体功能包括：益农信息社和信息员的在线申报、管理与推荐，数据批量添加，省、市、县管理，各省辖市、直管县（市）数据汇总，通知公告等，系统的具体功能围绕信息进村入户整省推进示范、加快"互联网＋"现代农业工作具体设计。

（三）益农信息社运营服务子平台

益农信息社运营服务子平台面向全省益农信息社和信息员提供益农信息社的

日常运营支撑服务，功能主要包括益农信息社信息发布、数据上传、特色农产品上行信息发布、电商网店经营管理、益农信息社进销存管理等服务。另外，在"菜篮子"基地、有代表性的农业龙头企业、农产品市场等益农信息社布置信息采集点，培训信息采集员，使其能通过信息平台上传农产品市场信息。

（四）公益服务与公共资源集成子平台

公益服务与公共资源集成子平台主要对接农业、气象、教育、医疗、文化、金融等部门和农业、工业、服务业、信息产业各类市场主体，集成公共服务资源，实现涉农信息服务的资源共享和互联互通；开展农业生产经营、技术推广、政策法规、村务公开、就业等信息推送；协助开展农技推广、动植物疫病防治、农产品质量安全监管、土地流转、农业综合执法等业务；推进农产品质量安全追溯、农业物联网等信息化应用向基层推广，提供信息化应用接口，建立专业站物联网综合服务系统和专业站农产品质量安全追溯系统。

（五）大数据服务子平台

大数据服务子平台主要对全省 46938 个益农信息社有关的村情、社情、农业生产经营情况、灾情、市场行情等数据进行采集、脱敏处理、统计分析以及辅助决策服务。

（六）智能手机应用 APP

智能手机应用 APP 作为信息进村入户省级平台的移动终端应用系统，提供移动互联网支撑服务，包括政务版、益农信息社版、农户版等三个版本，提供便捷的信息服务。政务版突出管理、监管、数据采集功能；益农信息社版主要为信息员上传数据、发布信息、管理用户、管理订单等内容提供移动服务支撑；农户版主要利用智能手机提供信息服务，为农民和新型农业经营主体提供更加便利的信息获取渠道。

（七）豫农 H5 监管平台

豫农 H5 监管平台即"互联网＋"现代农业信息进村入户监管平台，主要包含门户网站（含外部门户系统和益农信息发布管理系统）、工程监管平台（含益农信息社管理、益农工程管理、益农政类服务管理信息、益农 BI 分析、通信录、电子地图等）、系统基础管理（含组织、用户、角色、权限、数据字典、系统配置等功能）。

第二节　智慧农业管理平台介绍

一、农作物精准生产物联网应用云平台

农作物精准生产系统主要结合遥感技术、通信技术、传感器技术等现代农业信息化技术和智能装备，重点包括多源遥感宏观农情监测与决策服务系统和地面传感农情监测分析预警系统（如图 2-2 所示），实现农作物生产长势监测与估产、品质检测与预报、灾害监测、肥水诊断与调优，以及农作物苗情、墒情、病情、灾情监测分析预警，保障农业安全生产。目前该系统已在商丘市农业局、永城市农业局、济源市农业局等地推广使用。

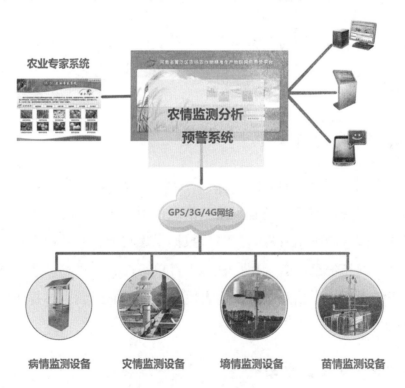

图 2-2　农情监测分析预警系统

农作物精准生产利用智能灌溉及水肥一体化农业高新实用技术，将肥料溶于灌溉水中，通过管道灌溉系统同时进行灌溉和施肥，适时适量满足农作物对水分和养分的需求，实现水肥同步管理和高效利用，达到省肥节水、省工省力、降低湿度、减轻病害、增产提质等经济效益（见图2-3～图2-5）。

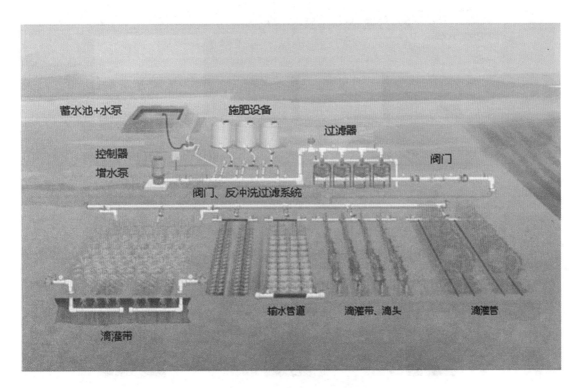

图 2-3　滴灌原理示意图

图 2-4　微灌

图 2-5　喷灌

（一）首页

农作物精准生产物联网应用云平台登录页面如图2-6所示。

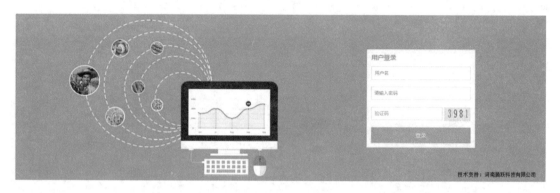

图 2-6　农作物精准生产物联网应用云平台登录页面

　　登录完成后，在首页主要显示地块信息以及专家诊断信息提醒列表（见图 2-7）。

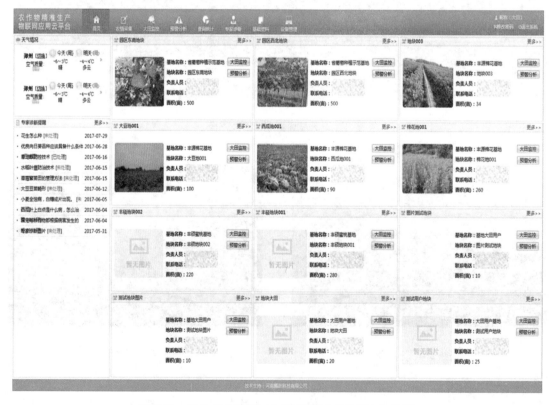

图 2-7　农作物精准生产物联网应用云平台首页

（二）农情采集

农情采集，分段式采集小麦、玉米、大豆、棉花、花生、西瓜等作物的关键生长记录，以列表的形式展示采集到的播种日期、所属基地、地块号、面积、上报人等信息，可对列表信息进行增、删、改、查等操作（如图 2-8 所示）。

图 2-8　农情采集

（三）大田监控

对当前地块进行实时监控，可查看当前地块的实时视频监控（如图 2-9 所示）。

图 2-9　大田监控

（四）预警分析

预警分析，根据事先设置的环境参数为基数对地块的信息实时监控分析，并且以短信的方式进行提醒（如图 2-10 所示）。

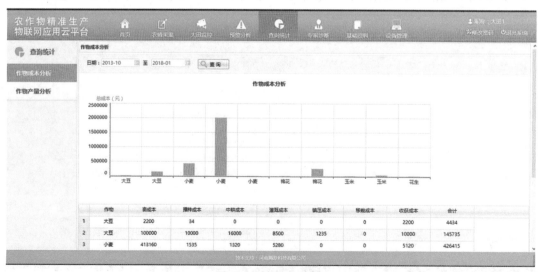

图 2-10　预警分析

（五）查询统计

对作物的成本以及作物的产量进行分析，对作物的产量进行预警分析，能事先充分了解当季种植该作物的收益情况，以更好地根据以往的数据判断下季所要种植的作物（如图 2-11 所示）。

图 2-11　查询统计

（六）专家诊断

在线提出当前遇到的问题，可以充分地和专家沟通，以更快速更高效地解决用户遇到的各种问题（如图 2-12 所示）。

图 2-12　专家诊断

（七）基础资料

对基地管理、地块管理、作物种类、作物品种、作物生长周期五个方面的基础资料进行管理，可对信息列表进行增、删、改、查等操作（如图 2-13 所示）。

图 2-13　基础资料

二、设施农业物联网云平台

设施农业物联网系统主要通过无线传感器实时、精准地采集棚室内的空气温度、空气湿度、土壤温度、土壤湿度、光照强度等环境参数，通过无线传输网络把采集数据上传至数据中心（如图 2-14 所示）。通过应用系统可以实现环境信息实时监测查询、异常信息报警、病虫害智能分析、种植基础信息管理等功能，为农业精准化种植服务提供数据资源及现代化管理途径。目前该系统已在商丘市农业局、民权县农业局、新野县农业局等推广使用。

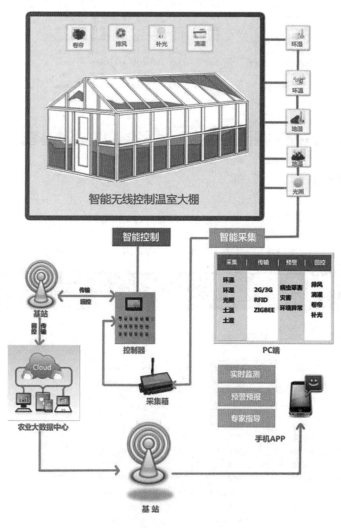

图 2-14　设施农业物联网系统示意图

（一）首页

设施农业物联网系统登录页面如图 2-15 所示。

图 2-15　设施农业物联网系统登录页面

登录完成后，在首页主要显示地块信息以及专家诊断信息提醒列表（见图 2-16）。

图 2-16　设施农业物联网系统首页

（二）视频监控

对当前地块进行实时监控，可查看当前地块的实时视频监控（如图 2-17 所示）。

图 2-17　视频监控

（三）环境监测

根据事先设置的环境参数为基数对地块的信息进行实时监控分析，并且以短信的方式进行提醒（如图 2-18 所示）。

图 2-18　环境监测

（四）专家诊断

在线提出当前遇到的问题，可以充分地和专家沟通，以更快速更高效地解决用户遇到的各种问题。可对列表信息进行增、删、改、查等操作（如图 2-19 所示）。

（五）基础信息

对基地管理和大棚管理的基础资料信息进行管理，可对信息列表进行增、删、改、查等操作（如图 2-20 所示）。

图 2-19　专家诊断

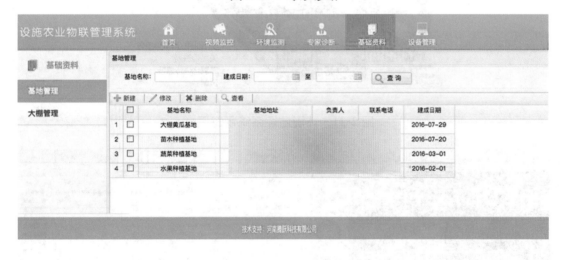

图 2-20　基础信息

三、智慧畜禽养殖物联网云平台

智慧畜禽养殖物联管理系统，主要结合计算机技术、传感器技术、智能控制技术，构建养殖精准生产物联网应用示范平台，主要有环境监控系统（如图 2-21 所示）、养殖摄像监控系统（如图 2-22 所示）、精细养殖管理系统（如图 2-23 所示），采用信息化技术和手段来强化畜禽精细养殖及管理，实现对饲养环境参数的监测、养殖场地的环境调控和饲养精细管理，达到精细饲养、安全品质的绿色畜牧养殖，为规模化养殖场管理者及生产者提供方便的、全面的、实用的生产管理及决策支持服务，实现节能增效，获得最佳的生产效益。目前该系统已在南阳市农业局、浚县农业局、泌阳县农业局、临颍县农林局等推广使用。

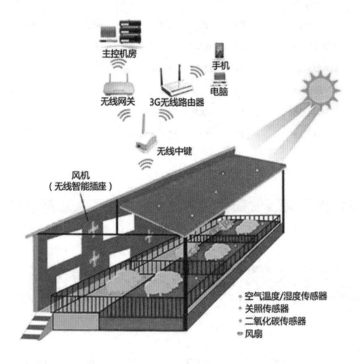

图 2-21　环境监控系统示意图

图 2-22　养殖摄像监控系统

图 2-23　精细养殖管理系统

（一）首页

打开智慧畜禽养殖物联网管理系统登录页面（如图 2-24 所示）进行登录。完成后，在首页主要显示圈舍信息以及专家诊断信息提醒列表（如图 2-25 所示）。

图 2-24　智慧畜禽养殖物联网管理系统登录页面

图 2-25　智慧畜禽养殖物联网管理系统首页

（二）视频监控

对圈舍进行实时监控，可查看当前圈舍的实时视频监控（如图 2-26 所示）。

图 2-26　视频监控

（三）圈舍环境

根据事先设置的环境参数为基数对圈舍的信息进行实时监控分析，并且以短信的方式进行提醒（如图 2-27 所示）。

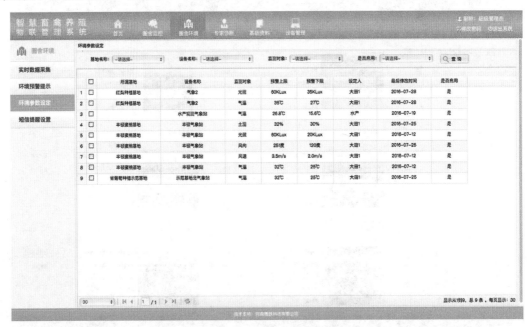

图 2-27　圈舍环境参数监控

（四）专家诊断

在线提出当前遇到的问题，可以充分地和专家沟通，以更快速更高效地解决用户遇到的各种问题。可对列表信息进行增、删、改、查等操作（如图 2-28 所示）。

图 2-28 专家诊断

（五）基础信息

对基地管理和圈舍管理的基础资料信息进行管理，可对信息列表进行增、删、改、查等操作（如图 2-29 所示）。

图 2-29 基础信息管理

四、水产养殖物联网云平台

鱼类养殖已经是十分普遍的养殖项目，因其肉类鲜美、营养丰富、种类繁多，养鱼业不仅没被众多水产养殖业淘汰，反而呈现出发展上升的态势。随着自然环境的改变，很多珍稀鱼类濒临灭绝，如娃娃鱼、中华鲟鱼……人工养鱼业不仅成为满足市场需求的做法，而且是保存物种多样性的最佳方式。

随着科技的发展、物联网养殖的出现，传统的养殖模式开始向这一新型养殖方式靠拢。物联网采用无线传感技术、网络化管理等先进管理方法对养殖环境、水质、鱼类生长状况、药物使用、废水处理等进行全方位管理、监测，具有数据实时采集分析、食品溯源、生产基地远程监控等功能，在保证质量的基础上大大提高了产量（如图 2-30 所示）。目前该系统已在商丘市农业局、浚县农业局、南阳市农业局、临颍县农林局等推广使用。

水产养殖物联网管理系统主要是对农场圈舍进行管理，可实现对鱼塘的视频监控、鱼塘环境监测、专家诊断以及相关的基础资料和设备管理（如图 2-31 所示）。

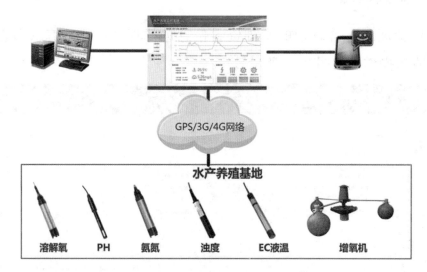

图 2-30　水产养殖物联网系统示意图

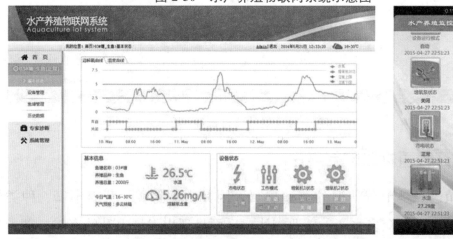

图 2-31　水产养殖物联网系统（右为监控系统手机客户端）

（一）首页

打开智慧水产养殖物联网管理系统登录页面（如图 2-32 所示）进行登录。完成后，在首页主要显示池塘信息以及专家诊断信息提醒列表（如图 2-33 所示）。

图 2-32 智慧水产养殖物联网管理系统登录页面

图 2-33 智慧水产养殖物联网管理系统首页

（二）水质环境

根据事先设置的环境参数为基数对池塘内水质的信息进行实时监控分析，并且以短信的方式进行提醒（如图 2-34 所示）。

图 2-34　水质环境信息实时监控分析

（三）专家诊断

在线提出当前遇到的问题，可以充分地和专家沟通，以更快速更高效地解决用户遇到的各种问题。可对列表信息进行增、删、改、查等操作（如图 2-35 所示）。

图 2-35　专家诊断

（四）基础信息

对基地管理和池塘管理的基础资料信息进行管理，可对信息列表进行增、删、改、查等操作（如图 2-36 所示）。

图 2-36　基础信息管理

五、农产品质量安全追溯云平台

农产品质量安全监管综合服务平台是追溯云系统中展示信息的综合服务网站。面向广大用户，将追溯云系统中需要展示给用户的信息都展示出来。云平台包含公共服务平台、企业安全生产管理平台、便携式农事信息采集端和农产品质量安全政府监管平台。该系统主要包含入驻企业的审批流程、企业生产过程管理、政府监管信息管理以及消费者获知信息的通道即公共服务平台。

农产品质量安全追溯云平台可实现"从农田到餐桌"的全程可追溯信息化管理。该系统以保障消费安全为宗旨，以追溯到责任主体为基本要求，是区域农产品质量安全信息统一发布和查询平台（如图 2-37 所示）。

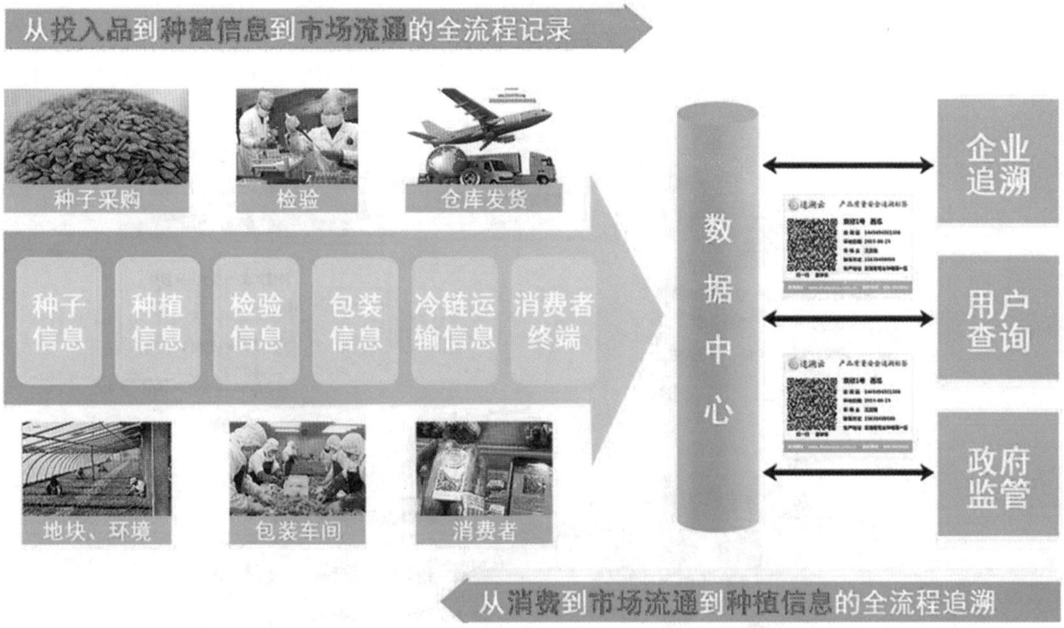

图 2-37　农产品质量安全监管综合服务示意图

系统根据"一物一码"标准，为农产品建立个体身份标识，准确记录从种植管理（育苗、定植、施肥、施药、灌溉、采收）、生产、加工、包装、流通、仓储、销售的全过程信息，通过短信、电话、触摸屏、网上查询、手机扫描二维码等查询方式，为消费者提供透明的产品信息，为政府部门提供监督、管理、支持和决策的依据，为企业建立高效便捷的流通体系（如图 2-38、图 2-39 所示）。

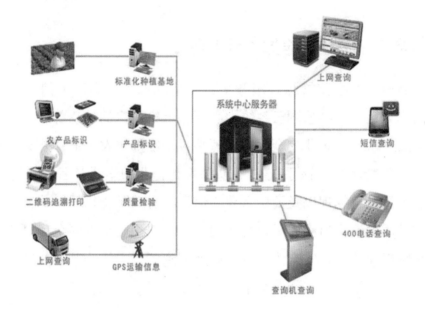

图 2-38　农产品个体身份标识系统

图 2-39　高效的农产品流通与监管系统

　　各平台之间联系密切，生产企业通过入驻本平台，为企业农产品生产提供便利，便携式农事信息采集端可以方便企业进行农事活动的录入，提高企业产品知名度，政府监管起到监督监管作用，杜绝一切不利的违规操作并进行公示。公共服务平台是为消费者提供的信息入口，通过该平台可以了解生产企业的信息，也可以看到政府的有关农业生产方面的政务公布。目前该系统已在泌阳县农业局、新野县农业局、济源市农业局、永城市农业局、临颍县农林局等多个县市农业局推广使用。

（一）河南省农产品质量追溯监管综合服务平台

河南省农产品质量追溯监管综合服务平台首页如图 2-40 所示。

图 2-40　河南省农产品质量追溯监管综合服务平台首页

（二）查询以及各系统入口

对追溯信息、产品以及企业等相关信息进行快速、精确的查询。

追溯云系统下的各个子系统的快捷入口，包括便携式农事信息采集系统的企业微信版登录入口、政府监管平台、企业追溯平台、投入品管理平台，还包括企业入驻注册申请入口以及追溯云移动版二维码（如图 2-41 所示）。

图 2-41 查询以及各系统入口

（三）名优产品

可追溯的商品列表。单击图片可查看商品详情；单击"购买"进入可溯源电商平台进行商品购买（如图 2-42 所示）。

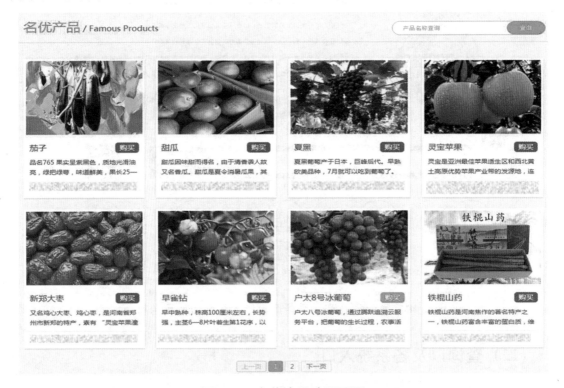

图 2-42 名优产品购买页面

（四）生产企业

入驻企业的列表排名，包括生产企业和企业等级信息两大模块。单击"详情"可查看企业的详细信息，单击"为企业打分"可对选择的企业进行评价打分（如图 2-43 所示）。

图 2-43　生产企业页面

企业详细信息页面，包含企业名称、类型、企业介绍、认证信息、产品信息等（如图 2-44 所示）。

图 2-44　企业详细信息页面

（五）产地地理信息标识

以地图展现形式，在地图上标注出检测机构、"三品一标"基地、生产基地、农业园区、龙头企业、农民专业合作社的分布情况。单击每个单位，系统就会自动显示本单位的基本情况、检测数量、合格率、认证情况等农产品质量安全情况，便于监管部门随时随地查询和管理（如图 2-45 所示）。

图 2-45　产地地理信息标识

（六）农业投入品

农业投入品相关企业以及农业投入品的公示列表，如图 2-46 所示。

（七）巡检·违规

政府监管部门发布的巡检信息和企业违规信息在该区域显示。

六、农产品质量安全政府监管服务云平台

（一）系统简介

农产品质量安全监管系统是农产品质量安全追溯系统中最重要的功能模块，主要面向各级监管人员，将监管部门需要处理的业务集中于此，实行各级监管人员协同办公、分级管理。各级监管部门只可处理、统计和查看所辖范围内的各项

图 2-46 农业投入品相关企业以及农业投入品的公示列表

信息，上级监管部门可以查询统计下级监管部门的监管信息，下级监管部门可查看上级监管部门授权的部分监管信息。

监管系统是农产品质量安全监管的工作平台、交流平台、分析平台，通过该系统可以清晰地了解农产品质量安全状况和市、县（区）各级监管部门开展农产品质量监管的工作动态，并对各级监管工作具有分析预警功能。

各级监管用户可以通过河南省农产品质量追溯监管综合服务平台提供的统一登录窗口登录进入（如图 2-47 所示）。目前该系统已在泌阳县农业局、新野县农业局、济源市农业局、永城市农业局、临颍县农林局等多个县市农业局推广使用。

（二）系统首页

登录后，首页默认显示河南省农事信息采集情况和企业违规信息，在左侧地

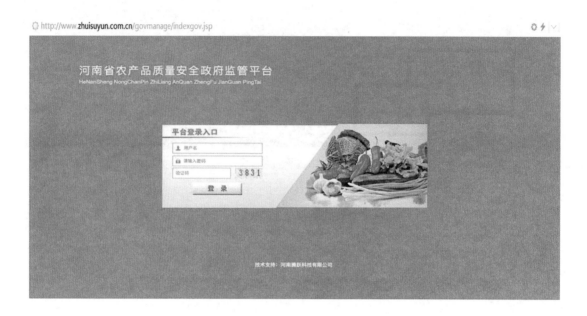

图 2-47　河南省农产品质量安全政府监管平台登录页面

图中，可查看省内的农事信息采集总数，单击可查看下级各市、县级农事信息采集状况。在违规信息或农事信息中单击"更多…"，可查看违规信息或农事信息的详细内容（如图 2-48 所示）。

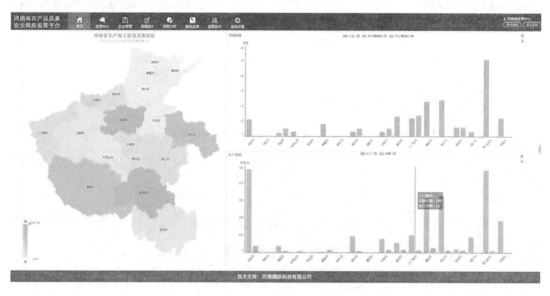

图 2-48　农事信息采集情况查看页面

（三）监管中心

该系统集信息查询、数据分析、在线监控、指挥调度于一体，依托主体备案、生产档案管理、投入品使用、产品质量标识、数据采集等系统和安装的高清摄像装置，实现领导和专家在应急指挥中心通过大屏幕可对全市的生产基地、农业园区、农民经济合作组织，农产品收购、储存、加工、运输企业从生产到上市前所有信息数据和视频资料的在线监控，实时掌握全市的农产品质量安全状况，对出现的质量问题，可通过视频资料和分析数据及时研判，做到有问题早发现、早预防，防患于未然。

　　农产品追溯从整体意义上来讲，主要包括跟踪（tracking）和追溯（tracing）两个方面。跟踪是指从供应链的上游至下游，跟随一个特定的单元或一批产品运行路径的能力；追溯是指从供应链下游至上游识别一个特定的单元或一批产品来源的能力，即通过记录标识的方法回溯某个实体来历、用途和位置的能力（如图 2-49所示）。

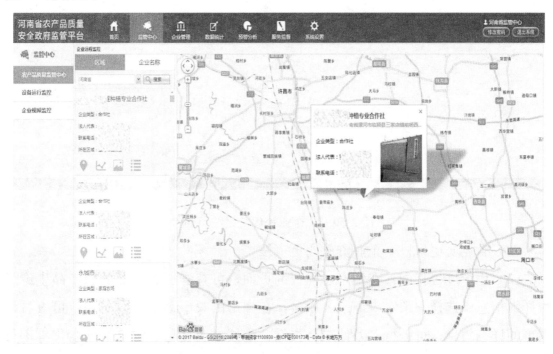

图 2-49　农产品质量监控中心企业远程监控页面

　　安全溯源包括向上追溯以及向下追溯。当某一食品出现安全问题，我们可以通过溯源系统找到哪一个环节、哪一个原材料出现问题，同时能对该环节、原材料设计的同批次或者同原料食品进行追踪，必要时可以召回或者冻结此批次食品流出，这样可以将食品危害降到最低，实现农产品质量安全责任追究，同时满足消费者的知情权、选择权，提高企业产品形象、管理水平。

（四）企业管理

（1）企业资质审核：在企业资质审核中，可查看该级政府监管部门下所有企业的申请信息，并对企业申请信息进行审核；选择要审核的企业，单击"详情"，在企业详情信息页面中查看企业基本信息，并对企业信息进行审核；从企业空间建设、企业规模及三品一标等方面对企业进行审核，若企业可以通过审核，单击"审核通过"，并对企业进行打分；若企业申请资质不合格，单击"审核驳回"，并填写驳回理由（见图 2-50）。

图 2-50　"企业管理"系统页面

（2）企业变更审核：企业资质变更审核。

（3）生产过程查询：在生产过程查询页面，可查看所有企业的农产品生产过程详细信息。选择一条农事记录，双击，在弹出的农事活动详情页面，可查看该农事的详细信息；可进行多条件组合查询，如按企业名称、农事活动名称等进行查询，查看详细的农事信息；单击"导出"，可将按条件查询的所有农事记录导出到 Excel 中。

如何查看农产品生产过程详细信息呢？这就需要建立一套农作物生长履历遥感监测系统。

一套农作物生长环境监测工具，主要实现种植区空气温湿度、土壤温湿度、光照、降雨量、二氧化碳、风速等生长环境因子的数据采集及展示；满足了环境信息和生产视频一体化感知需求，提高了生产信息的可信度，为用户提供农业管理方面的决策依据；其性能指标如下：温度测量范围‐40—100摄氏度；温度精度测量：±0.1摄氏度；湿度测量范围：0—100％ RH；光照度测量范围：0—256 klx；所有检测值误差小于5％。

（五）数据统计

（1）企业数量汇总：在企业数量汇总页面，可查看该级政府监管部门下所有已入驻追溯云平台的企业数量（见图2-51）。

图2-51　"数据统计"系统页面

（2）生产面积汇总：在生产面积汇总页面，可查看该级政府监管部门下所有已入驻追溯云平台的企业有效生产面积。

（3）产品产量统计：在产品产量统计页面，可按区域和采收日期进行各行业产品产量统计；选择区域，选择查询的采收日期时间段，单击"查询"，在下方页面的柱状图中即可查看该区域下辖所有企业按行业分类进行统计的产品产量。

（4）采集情况汇总：在采收情况汇总页面，可以查看到该级别监管单位下所有企业的农事记录信息；选择一个企业，单击"农事记录详情"，在弹出窗口中可以查看该企业下的所有农事记录，在农事记录上双击，可查看该记录的详细内容。

（5）质检次数统计：在质检次数统计页面，可查看该级政府监管部门下所有已入驻追溯云平台的企业质检次数；在质检次数统计的扇形图中，可查看监管中心下所有地市入驻企业在某一时间段内企业的质检情况；在按行业统计的柱状图中，可查看监管中心下所有地市入驻企业按行业统计的质检次数；在列表中，可查看按区域查询的所有企业及其质检次数，选择一条记录，单击"查看"可查看该企业的详细质检情况。

（6）认证信息统计：在认证信息统计页面，可查看该级政府监管部门下所有已入驻追溯云平台的企业认证信息。

（7）农残检测统计：农业产业化的发展使农产品的生产越来越依赖于农药、抗生素和激素等外源物质。我国农药在农产品的用量居高不下，而这些物质的不合理使用必将导致农产品中的农药残留超标，影响消费者食用安全，严重时会造成消费者致病、发育不正常，甚至直接导致中毒死亡。农药残留超标也会影响农产品的贸易，世界各国对农药残留问题高度重视，对各种农副产品中农药残留都规定了越来越严格的限量标准，使中国农产品出口面临严峻的挑战。

农药残留检疫检测管理可以对农药残留检测结果进行管理，包括进行审核、奖励、处罚等。

（六）预警分析

（1）企业采集数量预警：企业采集数量预警主要用于查看所有入驻到追溯云平台的企业的采集数量；在企业采集数量预警的柱状图中，可统计在某一时间段内农事信息采集条数小于临界值的企业个数；在列表中，可查看采集条数小于临界值的所有企业，以及采集信息数量、最后一次登录时间等信息（见图2-52）。

（2）登录人员统计分析：登录人员统计分析主要用于查看该级别政府监管部门下所辖监管单位人员登录监管平台的次数。

（3）企业认证过期预警：企业认证过期预警主要用于统计在某一个时间段内企业认证信息过期数量等信息；在企业认证过期预警柱状图中，可查看统计在某一时间段内企业认证信息过期的认证数量；在列表中，可查看在查询日期内所有认证信息到期的企业及其认证信息。

（4）企业违规信息预警：企业违规信息预警主要用于统计在某一个时间段内地市单位下企业违规信息；在企业违规信息预警柱状图中，可查看统计在某一时间段内企业违规记录大于临界值的企业数量。

图 2-52　"预警分析"系统页面

（七）服务监督

该系统是质量安全追溯的重要组成部门，利用共享信息交换系统可以把数据采集系统获取到的检测数据，直接调取至此系统应用，企业正常进行产品自检，系统会自动调取，如果没有经过检验，系统则不能自动生成产品的标识，不能进行正常追溯（见图 2-53）。

（1）例行巡检管理：例行巡检管理主要用于政府监管部门对所辖企业的例行巡检信息的管理，可进行增加、修改、删除、查看等操作，在此处添加的巡检信息会在"公共服务平台"→"例行巡检"区域显示。

（2）企业违规管理：企业违规管理主要用于政府监管部门对所辖企业的违规信息的管理，可进行增加、修改、删除、查看等操作，在此处添加的巡检信息会在"公共服务平台"→"违规信息"区域显示。通过曝光违规企业的不法行为，为不法行为提供有力佐证，加强政府威慑力，有效规范企业违规操作行为，提升政府监管效能，达成"变被动管理为主动管理"的管理目标。

（3）在线投诉管理：提供一套消费者、企业、政府等多方面、多角色的全方位投诉管理平台，为广大消费者提供网上维权服务，维护消费者的合法权益，为改善消费环境提供科学、高效的管理工具。处理结果会在"公共服务平台"→"投诉信息"区域显示。

（4）名优产品管理：主要用于政府监管部门对入驻在追溯云平台中企业下种植的产品进行名优产品评定，被评为名优产品的农产品会在"公共服务平台"→"名优产品"区域显示。

（5）信用等级管理：主要用于政府监管部门对入驻在追溯云平台中企业的各项综合得分信息进行查看，系统根据企业自检、管理部门的监管抽检数据，参照受检频率、检测数量、合格率、设定的标准、消费者投诉、系统应用和公众评价等指标进行信息分析，自动生成对企业的信用等级评价信息，根据信息评价信息，对各企业进行排名，排名靠前的企业和产品会在平台首页上进行宣传。此处汇总的信息会在"公共服务平台首页"→"生产企业"→"企业等级信息"区域显示。

图 2-53 "服务监督"系统页面

（八）系统设置

信息发布管理，主要用于政府监管部门发布行业动态信息和安全常识信息，添加的信息会在"公共服务平台首页"→"行业动态"区域显示（见图 2-54）。

图 2-54 "系统设置"系统页面

七、农产投入品监管云平台

农产投入品监管云平台即河南省农业投入品管理平台，是一个对农业投入品进行监管的平台，包括农业投入品的销售、采购等相关管理。方便监管部门监管，并且能使追溯云系统的追溯流程更安全真实。目前该系统已在临颍县农林局、南阳市农业局推广使用。

（一）首页

河南省农业投入品管理平台登录页面如图 2-51 所示。

图 2-55 河南省农业投入品管理平台登录页面

登录后可进到河南省农业投入品管理平台内部，首页主要显示通知公告、销售统计、天气预报以及农业投入品企业的地址四项信息，主要用于信息的展示，如图 2-56 所示。

（二）企业管理

企业管理，包括企业审核和企业备案两个模块。企业审核主要对企业的申请信息进行审核；企业备案可完善企业的信息以及可以对企业申请进行变更等操作。

图 2-56　河南省农业投入品管理平台首页

（三）产品管理

产品管理是对不同种类农业投入品的信息进行分类管理，包括种子、农药、化肥、饲料和农机这五个类别，可对各个分类农业投入品的信息进行增、删、改、查等操作。

（四）采购管理

采购管理，对采购的产品进行列表式管理，包括产品的生产批号、产品类别、产品品牌、产品名称、生产商、经销商、零售商、采购量等信息进行详细的管理，可对列表内的信息进行增、删、改、查等操作。

（五）销售管理

销售信息，对所销售的产品进行列表式管理，包括产品的生产批号、产品类别、产品品牌、产品名称、生产商、经销商、零售商、销售量等信息进行详细的管理，可对列表内的信息进行增、删、改、查等操作。

（六）统计分析

统计分析，主要使用各式的统计图对农业投入品的销售额、备案统计、人员考勤记录、执法工作日报、下乡登记审批等相关信息进行统计分析。

（七）溯源档案

溯源档案是给可实现追溯系统追溯的农业投入品的档案管理，包括产品的生产批号、产品名称、产品类型、产品品牌、生产商、经销商、零售商、企业用户、企业联系人、企业联系电话这些信息进行详细的管理。

八、智慧乡村服务信息平台

智慧乡村服务信息平台，平台通过在各试点村建立村级信息服务站，推进信息入户建设，满足农民生产生活信息需求，提高农民信息获取能力和自我发展能力；以电商平台为依托，提供各类生活服务资源，让村民足不出村即可享受到便民服务，以电商平台为基础，利用城市对特色农产品的大量需求，整合各地特色农产品资源，增加农产品销售渠道，助民增收。平台主要提供"买、卖、推、缴、代、取"等服务项目（如图 2-57 所示）。

图 2-57　智慧乡村服务信息平台示意图

平台通过对农业和涉农信息资源的整合，充分发挥政府管理的职能，整合涉农政务资源，实现信息共享，是农村综合信息服务的门户。平台主要包括三农新闻、政策法规、办事指南、农技推广、农业课堂、专家指导、物联网应用、民情查询、惠农商城、小额贷款等栏目，提供面向三农的信息资源共享和服务，为农业经济的发展提供强有力的信息支撑，为企业和农民提供各类教育培训、文化生活信息服务，丰富农民的精神文化生活。目前该平台已服务于商丘、永城、济源、民权、南阳等多地的农民群众。

买：村级服务站依托授权的电子商务平台为本村村民、种养大户代购农资和生活用品，如种子、农药、化肥等。

卖：培训和代替农村用户或种养大户等主体在电子商务平台销售当地的大宗农产品、土特产、手工艺品等，出售休闲农业旅游预订服务，发布各类供应信息，解决当地农民渠道窄、销售难的问题。

推：

便民公益服务：利用 12316、信息服务站、电商平台等，向农民精确推送农业生产经营、政策法规、村务公开、惠农补贴查询、法律咨询、就业等公益服务及现场咨询。

协助政府部门开展农技推广、动植物疫病防治、农产品质量安全监管、土地流转、农业综合执法等业务。

向农民提供农业新技术、新品种、新产品培训，提供信息技术和产品体验。帮助农民解决生产中的产前、产中、产后等技术和销售问题，促进农业、农村、农民与大市场的有效对接。

缴：为村民代缴话费、水电费、电视费、保险费等，使村民不出村、大户不出户即可办理相关业务事项。

代：为农民提供各项代理业务，代理各种产品销售、婚庆、租车、旅游等商业服务。

取：村级服务站作为村级物流配送集散地，可代理各种物流配送站的包裹、信件等收件业务和金融部门的小额取款等业务，方便村民的生活。

（一）网站首页

平台首页包括导航以及视频新闻、村级站点、农产品推荐、科技之家、全省信息、友情链接几大模块，主要展示农事信息、农事新闻以及农副产品等信息（如图 2-58 所示）。

村级站点：主要显示各个村级站点的相关信息以及一些物联网技术和便民服务（如图 2-59 所示）。

农产品推荐：推荐各个村级站的农副特产（如图 2-60 所示）。

图 2-58　智慧乡村服务信息平台首页

图 2-59　村级站点

图 2-60　农产品推荐

科技之家：主要显示相关的农业科技技术以及专家指导视频等（如图 2-61 所示）。

农业课堂	更多 >>	农技推广	更多 >>	专家指导	更多 >>
每鸡产蛋困难的处理方法	2017-12-20	果园冬管有讲究重要环节要吃透	2017-12-20		
地膜口别再用土埋	2017-12-18	果树树干涂白 应注意这些问题	2017-12-18	温室黄瓜病害防治	小麦冬灌不能任性
冬季板栗树管理要点	2017-12-13	红提冬剪助丰产	2017-12-13		
甲鱼温棚养殖技术要点	2017-12-09	冬天蔬菜如何播种呢？	2017-12-09		
春马铃薯地膜覆盖栽培方法	2017-12-04	冬季养鸡需注意什么	2017-12-04		
低温时节，加强草葡红中柱根腐病防治	2017-11-29	测土配方施肥技术在水稻中的应用	2017-11-29		
核桃树防寒办法	2017-11-27	香菜反季节栽培及管理技术	2017-11-27	种植大棚黄瓜施肥八大误区	种植大白菜如何施肥？
果园冬灌把握三要点	2017-11-25	柑橘十一、十二月管理技术要点	2017-11-25		
食用菌采收技术要点	2017-11-16	梨果采后注意事项	2017-11-16		

图 2-61　科技之家

全省信息：全省的农事信息以及新闻列表（如图 2-62 所示）。

全省信息					
农业视频信息	更多 >>	**农业部门信息**	更多 >>	**农产品供求信息**	更多 >>
大慈半成株繁种技术	2017-07-06	平顶山市食品药品安全保障水平居全省第..	2017-12-20	供应 红皮蒜苗	2017-12-20
网传"猪肉有钩虫"这是真的吗?	2017-06-14	豫红花1号通过省内审定 河南红花品种..	2017-12-20	供应 冬桃	2017-12-18
传媒电商抢团争抢互联网销售大市场	2017-05-15	汝州从源头保障农产品安全	2017-12-18	供应 白菜 芥菜 香菜	2017-12-13
农业部：推进信息进村入户	2016-09-06	国务院办公厅印发《保障农民工工资支付..	2017-12-13	蔬菜供应	2017-12-09
农业部：推进信息进村入户	2016-08-06	农业部与农发行共同推进政策性金融支持..	2017-12-09	供应无公害核桃	2017-12-04
2015年农资打假行动启动	2015-12-10	专家学者共商都市现代农业发展	2017-12-04	大量供应香菜	2017-11-29
		技术送到家"输血"变"造血"	2017-11-27	供应晚秋黄梨	2017-11-27
		健全农业绿色发展创新驱动与激励约束机..	2017-11-07	供应 苹果	2017-09-08
		强力推进农产品质量安全和食品安全..	2017-10-27	供应 杜 长 大优良种猪 笛猪	2017-08-31

图 2-62　全省信息

（二）三农新闻

主要展示相关的三农新闻，包括一些图片新闻和视频新闻，以及对当前三农政策解读的新闻文章类目。

（三）科技之家

主要显示相关的农业科技技术以及专家指导视频，包括农技推广、农业知识、农业课堂以及专家指导各个模块。

（四）物联网应用

对物联网技术进行讲解，展示一些物联网基地。

（五）政策法规

展示相关的政策法规，包括国家政策法规、地方政策法规和一些行为规范等。

（六）办事指南

展示相关的一些办事指南信息，包括户籍管理、教育文化、社会保障、婚姻生育、招商引资、医疗卫生等各方面的信息。

第三章　计算机基础操作与常用软件介绍

电脑和手机已成为现代人生活中的必需品，在日常生活中它们占有举足轻重的地位。在互联网＋农业的大背景下，作为新型职业农民需要具备电脑和手机基本操作常识。本章节讲述了计算机的基本操作常识、手机常用软件的下载与使用。

第一节　计算机基本知识及简单操作

一、计算机概述与组成

一个完整的计算机系统，是由硬件系统和软件系统两大部分组成的。

（一）电脑的硬件系统

1. 主机

主机从外观看是一个整体，但打开机箱后，会发现它的内部由多种独立的部件组合而成（如图 3-1 所示）。

（1）电源。电源是电脑中不可缺少的供电设备，它的作用是将 220V 交流电转换为电脑中使用的 5V、12V、3.3V 直流电，

图 3-1　计算机主机

其性能的好坏，直接影响到其他设备工作的稳定性，进而会影响整机的稳定性。

（2）主板。主板是电脑中各个部件工作的一个平台，它把电脑的各个部件紧密连接在一起，各个部件通过主板进行数据传输。也就是说，电脑中重要的"交通枢纽"都在主板上，它工作的稳定性影响着整机工作的稳定性（如图 3-2 所示）。

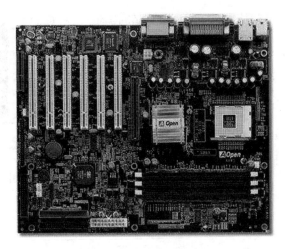

图 3-2　计算机主板

（3）CPU。CPU（Central Processing Unit）即中央处理器，其功能是执行算术运算、逻辑运算、数据处理、四舍五入、输入/输出的控制，电脑自动、协调地完成各种操作。作为整个系统的核心，CPU 也是整个系统最高的执行单元，因此 CPU 已成为决定电脑性能的核心部件，很多用户都以它为标准来判断电脑的档次。

（4）内存。内存又叫内部存储器（RAM），属于电子式存储设备，它由电路板和芯片组成，特点是体积小，速度快，有电可存，无电清空，即电脑在开机状态时内存中可存储数据，关机后将自动清空其中的所有数据。

（5）硬盘。硬盘属于外部存储器，由金属磁片制成，而磁片有记功能，所以存储到磁片上的数据，不论是开机，还是关机，都不会丢失。

（6）声卡。声卡是组成多媒体电脑必不可少的一个硬件设备，其作用是当发出播放命令后，声卡将电脑中的声音数字信号转换成模拟信号送到音箱上发出声音。

（7）显卡。显卡在工作时与显示器配合输出图形、文字，其作用是负责将CPU 送来的数字信号转换成显示器识别的模拟信号，传送到显示器上显示出来。

（8）调制解调器：调制解调器是通过电话线上网时必不可少的设备之一。它的作用是将电脑上处理的数字信号转换成电话线传输的模拟信号。

（9）网卡。网卡的作用是充当电脑与网线之间的桥梁，它是用来建立局域网的重要设备之一。

（10）软驱。软驱用来读取软盘中的数据。软盘为可读写外部存储设备。

（11）光驱。光驱是用来读取光盘中的设备。光盘为只读外部存储设备，其容量为 650MB 左右。

2. 显示器

显示器有大有小，有薄有厚，品种多样，其作用是把电脑处理完的结果显示出来。它是一个输出设备，是电脑必不可少的部件之一（如图 3-3 所示）。

图 3-3　计算机显示器

3. 键盘

键盘是主要的输入设备，用于把文字、数字等传输到电脑上（如图 3-4 所示）。

图 3-4　计算机键盘

4. 鼠标

当人们移动鼠标时，电脑屏幕上就会有一个箭头指针跟着移动，并可以很准确地指到想指的位置，快速地在屏幕上定位，它是人们使用电脑不可缺少的部件之一。

5. 音箱

通过音箱可以把电脑中的声音播放出来。

6. 打印机

通过打印机可以把电脑中的文件打印到纸上，它是重要的输出设备之一。
另外，还有摄像头、扫描仪、数码相机等设备。

（二）电脑的软件系统

软件是指程序运行所需的数据以及与程序相关的文档资料的集合。主要有如下两种。

1. 操作系统软件

人们知道，电脑可以完成许多非常复杂的工作，但是它"听不懂"人们的语言。要想让电脑完成相关的工作，必须由一个翻译把人们的语言翻译给电脑。此时，操作系统软件就充当这里的"翻译官"，负责把人们的意思"翻译"给电脑，由电脑完成人们想做的工作。

2. 应用软件

应用软件是用于解决各种实际问题以及实现特定功能的程序。此外还有程序设计软件。程序设计软件是由专门的软件公司编制，用来进行编程的电脑语言。程序设计软件主要包括机器语言、汇编语言和高级语言。

二、计算机的基本操作

（一）开机、关机、待机、注销、重启

1. 开机

使用电脑要先开启电脑，一般主机箱上都有两个按钮，通常大的是电源开机按钮，小的是重启按钮。通常开机都是直接按开机按钮。

2. 关机

关机一般有三种常用的方法：

（1）物理关机法：直接按电源开关按钮，这其实也叫非正常关机，对电脑有一定的影响，不建议大家使用。

（2）"开始"菜单下的关机法：单击 ![开始] ![图标] → ![关闭计算机(U)...]（或按键盘上的 ![键]键）出现对话框（如图 3-5 所示），就可以选择关闭、待机、重新启动三种方式了。

（3）"Power"键关机法：用键盘上的"Power"键关机，有的键盘上直接有

图 3-5 "关闭计算机"对话框

关机按钮，其效果是一样的。

3. 重启

一般有两种方法：①直接用主机箱上的重启按钮；②用关机法的第二种，选重新启动。

4. 待机

一般有两种方法：①用关机法的第二种，选待机；②用键盘上的 Sleep 键待机。

5. 注销

一般用"开始"菜单下的"注销" ，单击 ，再点"注销"。

（二）鼠标操作

鼠标：实物上由左键、右键和中轮主成。

鼠标基本使用及功能：

单击左键：在文件管理上起选中的作用，在文本输入框中起确定光标位置的作用，在编辑中起工具选中并执行的作用。

单击右键：右键单击目标后可以选择操作的事项。

双击左键：打开文件/链接及各种属性。

拖压左键：选中/移动文件。

滑动中轮：放大、缩小和翻动页面，音频大小调整，鼠标属性调节。

（三）选择文件

1. 单个文件的选择。

直接用左键单击文件选中。

2. 多个文件的选择。

连续多个文件选择：①把鼠标放在要选择第一个文件的前面位置（不能选中），压住左键向后拖到要选择的最后一个文件后放手，颜色为深色的为被选中的文件；②按"Shift"键（结束操作才放手）→选中要选择第一个文件→选中最后一个文件后放手。

不连续多个文件的选择：一直按住"Ctrl"键→依次选中所要选择的文件。

（四）打开、关闭、最大化、最小化、还原

1. 打开文件

打开文件有几种方法：①直接双击所要打开的文件；②选中所要打开的文件→右击→打开；③选中所要打开的文件→右击→选择打开方式；④选中所要打开的文件→按"Enter"（回车）键；⑤开始→运行→输入要运行的文件名。

2. 关闭文件

关闭文件有以下几种方法：①直接单击标题栏上的▨按钮；②按"Alt＋F4"关闭窗口；③右击屏幕下方任务栏的文件标识→"关闭（C）"；④文件的标题栏→"关闭（C）"；⑤有的软件可以单击"文件（F）"→"关闭（C）"或"退出（X）"；⑥在关闭一些顽固文件或有假死机的文件时可用任务管理器：按"Ctrl＋Alt＋Delete"（"Ctrl＋Alt＋Del"）键进入任务管理器，如图3-6所示，选中要关闭文件的任务，单击"结束任务（E）"执行关闭。

3. 最大化、最小化、还原

相关操作如下：①直接单击标题栏上的▢按钮最大化窗口；②直接单击标题

图 3-6　任务管理器对话框

栏上的█按钮最小化窗口；③直接单击标题栏上的█按钮还原窗口；④双击标题栏最大化与还原窗口交换；⑤单击屏幕下方任务栏的文件标识最小化与还原窗口交换；⑥右击屏幕下方任务栏的文件标识→"最大化（X）""最小化（N）"或"还原（R）"可进行窗口大小的调整。

另外，窗口设置还可以在任务管理器中的窗口选项中设置。

（五）复制、粘贴、剪切、删除

1. 复制

复制文件的方法有很多，现主要列出几种常用的操作方法：

（1）选中文件（或要复制的内容）→右击→复制（C）。

（2）选中文件（或要复制的内容）→压住"Ctrl"键＋压住左键向后拖到所要放置的位置放手。

（3）选中文件（或要复制的内容）→按"Ctrl＋C"键。

（4）在不同磁盘之间的复制可用压住左键向后拖到所要放置的位置放手就可进行复制和粘贴的操作。

（5）将文件复制到移动硬盘中时，可用右击→发送到移动硬盘。

（6）有的软件还可在"编辑（E)"菜单下，选择"复制"按钮进行。

2. 粘贴

粘贴是在复制（剪切）之后完成的一项操作，在没有复制（剪切）文件时，不能进行粘贴操作，粘贴的一般方法有：

（1）右击→粘贴（V)。

（2）按"Ctrl＋V"键。

（3）有的软件还可在"编辑（E)"菜单下，选择"粘贴"按钮进行。

3. 剪切

剪切是移动文件的一种方式，是复制文件（内容）后，通过粘贴操作，自动删除原文件（内容），达到移动的任务。

（1）右击→剪切（X)。

（2）按"Ctrl＋X"键。

（3）有的软件还可在"编辑（E)"菜单下，选择"剪切"按钮进行粘贴。

4. 删除

删除的一般方法有：

（1）选中要删除文件→右击→删除（D)。

（2）选中要删除文件→按"Ctrl＋D"键。

（3）选中要删除文件→按"Delete"键（如按"Ctrl＋Delete"键为永久删除）。

（4）选中要删除文件→压住左键拖到桌面上的回收站图标上放手。

（六）新建、重命名、搜索

1. 新建

（1）在空白处单击右键→选择"新建（W)"，如图 3-7 所示，可新建文件。

图 3-7　"新建"对话框

（2）在软件应用中，可点菜单栏中的"文件（F）"→"新建"选项。

2. 重命名

（1）选中文件→右击→重命名→输入新文件名。

（2）选中文件→左击文件名处（显出输入框）→输入新文件名。

3. 搜索

要查找一个文件，可通过搜索的方法：①打开一个窗口→"查看（V）"菜单→浏览器栏→搜索（S）；②打开一个窗口→按"Ctrl＋E"；③打开一个窗口→单击工具栏中的 🔍搜索 按钮；④单击"开始"→"搜索（S）"，进入如图 3-8 所示的窗口。

通过输入文件或文件夹名来搜索，也可写出关键字（前后可用"＊"来表示未确定的字），如示例中"＊月＊.mp3"，可搜出"我的电脑里"所带月字的 mp3 格式的文件。也可调整搜索范围，设定指定文件夹进行搜索。

（七）创建桌面快捷方式、保存

1. 创建桌面快捷方式。

创建桌面快捷方式的方法有：

（1）选中文件→右击→发送到（N）→桌面快捷方式。

图 3-8 搜索"＊月＊.mp3"对话框

（2）选中文件→复制→在桌面上右击→粘贴快捷方式。

（3）选中文件→右击→创建快捷方式→选择已创好的快捷方式→压住左键拖到桌面上放手。

2. 保存

保存是指在应用软件中，执行完成之后，要进行保存处理。

（1）新文件保存：选择"文件（F）"菜单→"保存（另存为）"，出现保存对话框（也可按"Ctrl＋S"键），可以修改保存的路径、文件名、文件格式等。

（2）修改的文件保存：选择"文件（F）"菜单→"保存"（或按"Ctrl＋S"键）即可。

（八）输入法、输入内容

1. 输入法

输入法的设置：一般输入法图标在屏幕右下方，如图标███所示，设置时右击该图标→"设置（E）"，出现如图 3-9 所示的对话框。

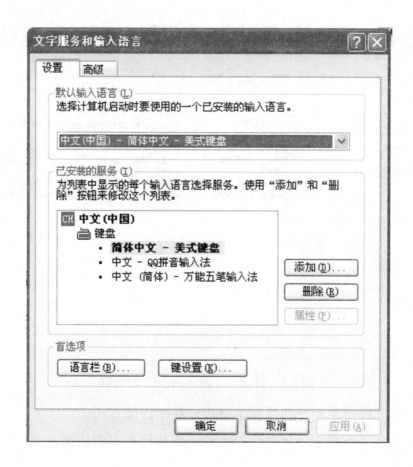

图 3-9　"文字服务和输入语言"对话框

在对话框中可以添加或删除输入法，还可以设置某个输入法的属性及按键设置和切换顺序。

输入法的切换：①左击 图标→选择想要的输入法；②按"Ctrl＋Shift"键进行输入法的顺序切换；③按"Caps Lock"键进行英文大小写的切换；④按"Ctrl＋空格"键进行中英文输入法的切换；⑤在运用某些输入法时，直接按"Shift"键也可进行中英文输入法的切换

2. 输入内容

一般的输入内容是在文本区域中输入中文或英文，也有的输入特殊字符。在文本区域中可用鼠标移动光标位置，调整好输入法，进行输入。

（九）截屏操作

截图可用专用的截图软件完成。在 Windows 系统中也可以进行截屏，方法

为：显示所要图面→按"Print Screen SysRq"键→开始→程序（所有程序）→附件→画图→粘贴（方法在粘贴操作中讲过）→进行图片处理（处理方法在以后的画图板操作中详细讲解）。截屏效果如图 3-10 所示。

图.3-10　截屏效果示意图

第二节　QQ 的使用

一、网页版

（一）下载、登录

在浏览器中搜索"QQ 下载"，选择带"官网"标志的链接，如图 3-11 所示。

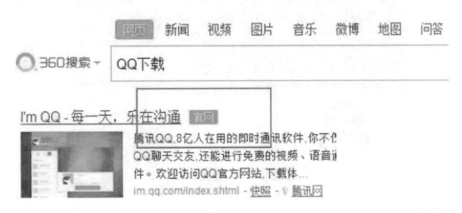

图 3-11　搜索"QQ 下载"

找到 QQ PC 版，如图 3-12 所示，单击"下载"按键，按照系统提示即可将其安装在自己的电脑里，安装过程可能需要几分钟。安装好后会出现提示，单击"立即体验"即可，下次登录的时候，在电脑桌面单击 QQ 图标（如图 3-13 所示）进行登录。

图 3-12　QQ PC 版下载页面　　　　　　　图 3-13　QQ 图标

打开 QQ 登录页面（如图 3-14 所示），输入个人账号、密码登录即可；如果没有，单击"注册账号"，按照页面提示可免费注册 QQ 号。

图 3-14　QQ 登录页面

（二）QQ 常用功能介绍

1. 添加、删除好友的方法

添加好友：首先需要登录电脑版 QQ，然后我们可以看到登录好的 QQ 界面下方有"查找"字样（如图 3-15 所示），单击查找，就会出现查找的界面（如图 3-16 所示），这时你可以输入对方的 QQ 号精准查找。如果你想认识一些陌生的朋友，就可以看下面，下面有你需要加的好友的地址、故乡、年龄、性别，然后进行筛选。你也可以通过加群、找直播等寻找想要认识的朋友。

图 3-15　找到"查找"字样　　　　　　　图 3-16　搜索好友

删除好友：在联系人中选择该好友，单击鼠标右键，在弹出的菜单中选择"删除好友"即可。

2. 聊天窗口常用功能

一般文字聊天，直接在下方的空白处输入文字，单击"发送"即可（如图 3-17 所示）。视频聊天选择聊天窗口上方的这个按键，语音通话选择电话图标即可。不管是视频聊天还是语音通话，电脑必须有摄像头和语音设备。

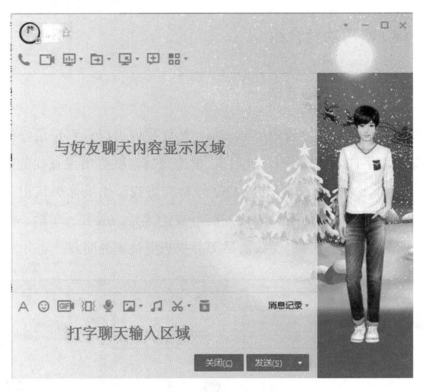

图 3-17 聊天窗口

二、手机版

（1）先在手机"设置"（有的叫"设定"，有的叫"系统设置"）里面找到"应用程序"（有的叫开发人员选项，有的在"更多"里面），找到"未知源"，在后面打钩（如图 3-18 所示）。

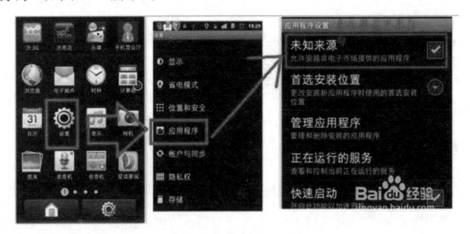

图 3-18 选择"未知源"

（2）打开手机里面的浏览器，并打开百度网址。在搜索框中输入"手机QQ"，找到你想下载的版本。然后单击"百度一下"或在手机应用超市中搜索

"手机 QQ"，单击"安装"下载安装即可（如图 3-19 所示）。

图 3-19　搜索"手机 QQ"

（3）在搜索出来的结果中，找到可以下载手机 QQ 的链接，然后点"进入下载"，如果你安装了手机助手就点"高速下载"，否则就点"普通下载"。下载完成后会跳出弹窗，此时点"安装"即可（如图 3-20 所示）。

图 3-20　下载手机 QQ

第三节　微信的使用

一、手机版微信功能介绍

（1）学习微信钱包功能，主要包括收款、付款、查看明细、转账、缴费等。这些跟我们的生活息息相关，用微信的话必须懂得这些。

打开微信，单击右上角的"＋"，单击收付款，选择收款，出现收款二维码，别人可以扫码付款。可以设置付款金额，收款后单击"查看零钱"查看明细，确认是否到账，也可以进入我的钱包查看零钱或交易记录（如图 3-21～图 3-24 所示）。

图 3-21　扫二维码收款

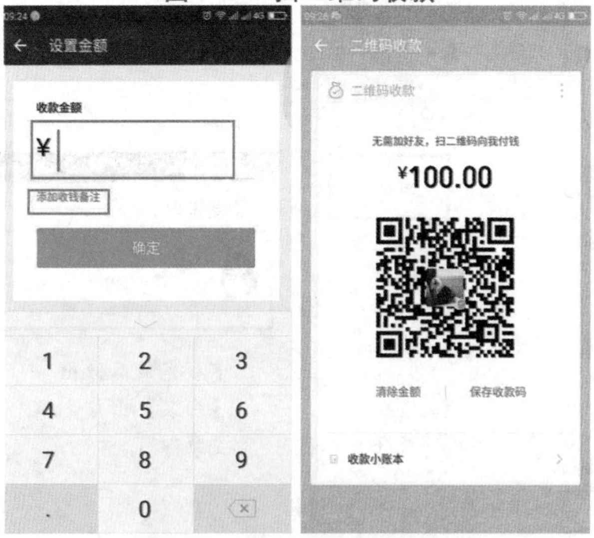

图 3-22　设置付款金额收款

图 3-23　查看"零钱明细"

图 3-24　查看零钱或交易记录

　　付款的话就用"扫一扫"就可以了，扫别人的收款二维码，输入金额，填写交易密码即可。

　　（2）交友娱乐功能。微信主要是交友功能，通过多种方式扩展人脉资源。也可以在线购物和玩游戏。

　　"通讯录"里是自己的好友、群聊、公众号。"新的朋友"是添加好友，可以接受别人的添加验证，也可以通过手机联系人加好友。"群聊"是保存的群，方便沟通聊天。"公众号"主要起到阅读和分享的作用，可以省去装很多 APP 的麻烦，有些不常用的 APP 可以不用装，关注官方微信公众号即可。"发现"里包含"朋友圈""购物"和"游戏"等，主要是娱乐。点开"朋友圈"，单击右上角的拍照按钮就可以根据提示发"朋友圈"了（如图 3-25～图 3-30 所示）。

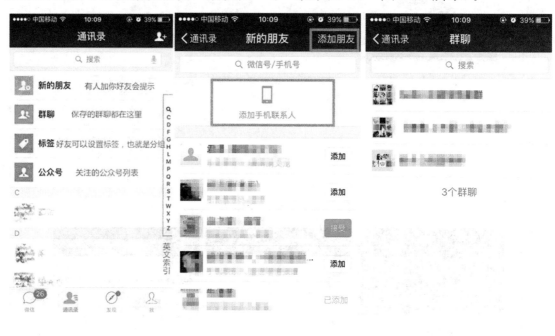

图 3-25　"通讯录"　　　图 3-26　添加朋友　　　图 3-27　"群聊"

图 3-28　"公众号"　　　图 3-29　"发现"

图 3-30　"朋友圈"

二、微信公众号的应用

（1）打开微信公众平台登录页面（https：//mp. weixin. qq. com/），单击右上角的"立即注册"，如图 3-31 所示。

图 3-31　微信公众平台登录页面

（2）根据公众号定位，选择注册的账号类型。

订阅号：主要偏向于为用户传达资讯（功能类似报纸杂志，为用户提供新闻信息或娱乐趣事），每天可群发 1 条消息。其适用于个人、媒体、企业、政府或其他组织。

服务号：主要偏向于服务交互（功能类似 12315、114、银行，提供绑定信息，服务交互），每月可群发 4 条消息。其适用于媒体、企业、政府或其他组织。

（3）填写邮箱，激活公众平台账号。确认邮件已发送至你的注册邮箱：××
×@qq.com。请进入邮箱查看邮件，获得验证码。同时输入新注册账号准备用密码，勾选"微信公众平台服务协议"，单击注册。

（4）进行信息登记。输入你的相关信息，需要是真实并有效的资料：①微信扫描二维码，并确认；②填充手机号，获取验证码；③单击"继续注册"。

（5）填写公众号名称、简介等信息，单击"确认"，这样一个公众号就注册好了。由于信息更改有条件限制，建议一次性填写正确。

（6）命名规则如下：

①个人订阅号：个人类账号一个自然年内可主动修改两次名称。订阅号不能重复取名。

②服务号：通过认证修改，300 元一次认证费。必须包含企业名称，或者商标名称。

第四节　网上开店流程介绍

如何开店呢？下面就以可溯源电子商务平台（源直达）为例给大家介绍一下具体的开店流程。

一、注册卖家用户

通过当地信息站的信息员可以在后台为其开设卖家账户。

二、后台管理功能介绍

获取账号之后，进入商城后台管理系统，系统入口地址：http://

www. nysx. com. cn/manage/admin. jsp。

（1）首先填写用户名和密码，经过校验之后才能登录系统。登录界面如图 3-32所示。

图 3-32 登录界面

注意：登录时，默认情况下，系统会自动带出上次登录用户名。

（2）登录成功后，进入系统主界面（如图3-33所示）。

图 3-33 系统主界面

如图 3-33 所示，系统主界面分为两大区域：功能菜单区、内容展示区。功能菜单区以目录树的形式展现登录用户所具有的所有功能。内容展示区展示当前用户操作结果。首页展示区用于显示当前库存情况。

（一）商品管理

该模块主要实现对商品的展示、编辑、上下架等管理操作。

1. 商品目录

1）功能描述

以表格的方式展示商品的分类，可实现对商品类的查询、添加、编辑、删除。

2）主界面

商品目录主界面如图3-34所示。

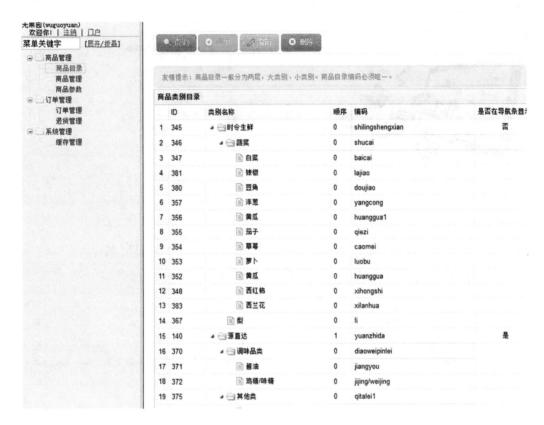

图 3-34 商品目录主界面

界面描述：系统配置页面分为两个部分，页面左侧为商品管理结构树，右侧是商品管理功能操作栏。

3）加操作

单击"添加"对商品分类进行添加，可实现对商城首页商品分类导航的新增。操作描述：

（1）单击"添加"。

（2）在"大类"中下拉选择级别类，当为空时则默认为添加一个一级菜单。

（3）在"名称"中输入要添加的类别名称，编码及顺序由系统自动生成。

（4）在"是否在导航条中显示"中下拉选择是或者否，即选择是否在商城导航条中显示该菜单。

（5）单击"新增"，即可新增一个类。

4）编辑操作

选中类名，单击"编辑"对商品分类进行编辑，可实现对商城首页商品分类导航的修改。操作描述：

（1）单击"编辑"。

（2）修改所要改动的地方。

（3）单击"保存"，即可完成对商品类的修改。

5）删除操作

选中类名，单击"删除"对商品分类删除。操作描述：

（1）选中类名。

（2）单击"删除"，弹出是否删除跳转框。

（3）单击"确定"，即可完成对商品类的删除。

2. 商品管理

1）功能描述

对商品进行管理，包括商品的基本信息、图文介绍等，实现商城商品详情页面的商品展示。

2）主界面

商品管理主界面如图 3-35 所示。

图 3-35 商品管理主界面

界面描述：系统配置页面分为两个部分，页面左侧是商品管理结构树，右侧是商品管理功能操作栏。

3）查询操作

商品查询可分为精确查询和模糊查询，精确查询可输入商品的唯一编号、名称来查询某一个商品列表，模糊查询则是输入某个关键字或某个特性来查询某一类商品列表。操作描述：

（1）输入相关信息。

（2）单击"搜索"，即可查询相关商品列表。

4）编辑操作

单击"编辑"或单击商品可跳转至商品信息页，可以对商品信息进行修改。操作描述：

（1）单击"编辑"或单击商品列表行。

（2）修改所要改动的地方。

（3）单击"保存"，即可完成对商品信息的修改。

5）查看操作

单击"查看"页面跳转至源直达商城商品详情页，可查看商品在商城网站中显示的样式。

6）添加操作

可新增商品。操作描述：

（1）单击"添加"。

（2）按要求填写商品数据（注：商品信息不能为空，包括商品介绍等）。

（3）单击"新增"，则完成商品的新增。

7）删除操作

选中商品，单击"删除"对商品进行删除。操作描述：

（1）勾选所要删除的商品。

（2）单击"删除"，弹出是否删除跳转框。

（3）单击"确定"，即可完成对商品类的删除。

8）上下架操作

上下架操作即商品的上架或下架，可实现在商城中是否出售该商品（注：商品状态栏中的对号和加号分别代表已上架和待上架）。操作描述：

（1）勾选所需要上架或下架的商品。

（2）单击"上架"或"下架"。

（3）单击"确定"对商品进行上下架操作。

3. 商品参数

1）功能描述

对商品参数进行管理。

2）主界面

商品参数主界面如图 3-36 所示。

图 3-36　商品参数主界面

界面描述：系统配置页面分为两个部分，页面左侧为商品管理结构树，右侧是商品管理功能操作栏。

3）查询操作

按分类对商品进行查询。操作描述：

（1）选择子类别、子目录。

（2）单击"搜索"，即可查询相关商品列表。

4）添加操作

添加商品的参数。操作描述：

（1）单击"添加"。

（2）按要求填写信息。

（3）单击"新增"，完成商品参数的新增。

5）删除操作

选中商品属性行，单击"删除"对商品进行删除。操作描述：

（1）勾选所要删除的商品参数。

（2）单击"删除"，弹出是否删除跳转框。

（3）单击"确定"，即可完成对商品参数的删除。

6）编辑操作

单击"编辑"或单击商品可跳转至商品属性页，可以对商品信息进行修改。
操作描述：

（1）单击"编辑"。

（2）修改所要改动的地方。

（3）单击"保存"，即可完成对商品参数的修改。

（二）订单管理

订单管理模块包括对商城所产生的订单的管理以及用户所发起的退货的
管理。

1. 订单管理

1）功能描述

对用户所发起的订单进行审核和管理。

2）主界面

订单管理主界面如图 3-37 所示。

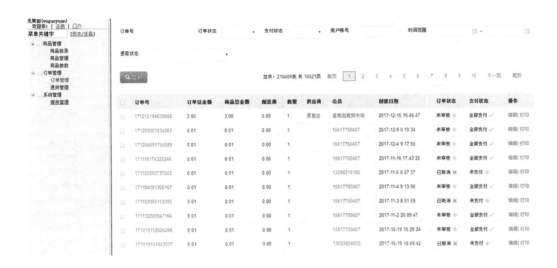

图 3-37　订单管理主界面

界面描述：系统配置页面分为两个部分，页面左侧是订单管理结构树，右侧是订单管理功能操作栏。

3）查询操作

按照订单号、订单状态、支付状态、用户账号、时间范畴、退款状态进行某一状态的订单查询。操作描述：

（1）输入相应的条件状态。

（2）单击"搜索"，即可查询相关订单列表。

4）编辑操作

按照所需要求对订单进行审核、修改等操作实时记录订单。

2. 退货管理

1）功能描述

对用户所发起的订单退货进行审核和管理。

2）主界面

退货管理主界面如图 3-38 所示。

界面描述：系统配置页面分为两个部分，页面左侧是订单管理结构树，右侧是订单管理功能操作栏。

图 3-38　退货管理主界面

3）查询操作

按照订单号、订单状态、支付状态、用户账号、时间范畴、退款状态进行某一状态的订单查询。操作描述：

（1）输入相应的条件状态。

（2）单击"搜索"，即可查询相关订单列表。

4）审核操作

对用户所发起的退款订单进行审核。操作描述：

（1）审核订单信息。

（2）选择审核结果，确认订单是否通过。

（三）系统管理

对惠农商城后台管理平台系统中所新增或删除等的操作进行缓存加载，以实现对商城门户的更改以及商品的上传等操作。

第五节　打工直通车平台介绍

打工直通车平台（见图 3-39）是河南广播电视台新农村频道为了解决外出务工人员安全就业问题，开发的集"电视媒体＋互联网＋县乡村就业服务站＋智慧就业终端设备"为一体的"互联网＋安全就业"综合性服务平台。

图 3-39　打工直通车平台

打工直通车为每个益农信息社开通一个基于微信的管理平台，每个益农信息社分配一个专属二维码，信息员可通过"第一就业"公众号单击"信息员登录"，输入用户名、密码、验证码后，进入自己的打工直通车的管理后台。单击绑定推广关系，即可展开推广工作。

附　录

河南省开展信息进村入户工程整省推进示范村级益农信息社及村级信息员管理考核办法

豫信农办〔2017〕4 号

第一章　总　　则

第一条　为加强村级益农信息社及村级信息员规范管理，提升公益、便民、电商、培训体验等四类服务水平，增强可持续运营能力，根据《农业部办公厅关于印发信息进村入户工程规范的通知》《河南省开展信息进村入户工程整省推进示范加快"互联网＋"现代农业发展实施方案》（以下简称《实施方案》）精神，制定本办法。

第二条　本办法适用于河南省各行政村的村级益农信息社和村级信息员。

第三条　村级益农信息社是按照"有场所、有人员、有设备、有宽带、有网页、有持续运营能力"标准建设，为农民提供"公益服务、便民服务、电子商务、培训体验服务"四类服务的村级信息服务站点。

第四条　村级信息员是按照"有文化、懂信息、能服务、会经营、有热情"的标准选定，具体负责村级益农信息社日常经营服务的人员。

第五条　考核遵循科学有效、简便易行的原则，客观公正、全面准确地考核评价村级益农信息社的运行情况和村级信息员的经营服务情况。

第六条　管理考核工作由河南省开展信息进村入户工程整省推进示范加快"互联网＋"现代农业发展工作领导小组办公室（以下简称省领导小组办公室）负责督导，各省辖市、省直管县（市）领导小组办公室负责组织各县（市、区）领导小组办公室和运营商具体实施。

第二章　村级益农信息社管理考核内容

第七条　村级益农信息社选址。优先在农村党员干部现代远程教育终端站点、电子商务进农村综合示范县村级服务点、供销 e 家村级服务网点、邮乐购村级站点、农村气象信息服务站和河南联通、河南移动、河南电信的渠道网点，以及新型农业经营主体等具备相关基础条件的农村服务网点进行选址和建设。

第八条　村级益农信息社建设标准。应符合"六有"标准。

（一）有场所。有专门用于信息服务的场地，建筑设施安全完备，确保稳定供电，使用面积不少于 20 平方米。

（二）有人员。每个村级益农信息社至少配备 1 名村级信息员。

（三）有设备。按照《实施方案》规定的村级益农信息社建设标准和设备清单，对应站点类型，配齐配好设备。有条件的村级益农信息社可自行配备多台基本设备和其他信息服务设备。

（四）有宽带。具有不低于 50M 接入速率的宽带网络，提供免费 Wi-Fi 环境，可供无线终端设备上网浏览信息、即时通信、下载更新软件等。

（五）有网页。在省级信息进村入户综合信息服务平台完成登记注册，利用平台的村级版块建设有本村专属网页，展示村情村貌、特色农产品图文信息，采集上传人口、耕地、就业等农业农村经济和社会发展数据，经营服务内容丰富，用户访问活跃。

（六）有持续运营能力。村级益农信息社广泛对接社会资源，形成可持续运营机制，产生较好的经济社会效益。

第九条　村级益农信息社统一使用"益农信息社"品牌，统一编号，统一悬挂标识牌，统一制度上墙，公布监督电话，接受社会监督。

第三章　村级信息员管理考核内容

第十条　村级信息员符合"有文化、懂信息、能服务、会经营、有热情"的标准。有文化是指具有初中以上学历；懂信息是指熟练使用计算机等办公设备和互联网；能服务是指沟通能力强、服务态度好、有责任心；会经营是指有一定经营能力；有热情是指热爱村级益农信息社，热心为村民提供服务。

第十一条　村级信息员重点在村组干部、大学生村官、农村经纪人、农业生产经营主体带头人和农村商超店主中选定，在同等条件下优先选择返乡大中专毕业生、返乡农民工、农村青年、巾帼致富带头人和退役士兵等人员。

第十二条　村级信息员要经过上岗培训，考试合格后上岗，并签订相关协议。

第十三条　村级信息员日常工作中须接受各县（市、区）领导小组办公室和运营商的指导培训。

第十四条　村级信息员须遵守国家法律法规，按照河南省开展信息进村入户工程整省推进示范的有关标准规范，开展经营和服务。

第十五条　村级信息员依托省级信息进村入户综合信息服务平台为村民提供"买、卖、推、缴、代、取"等服务，做好服务记录。

（一）买是通过授权的电子商务平台，为村民、新型农业经营主体购买农业生产资料和生活用品等。

（二）卖是帮助村民、新型农业经营主体在电子商务平台上销售当地的特色农产品和手工艺品等，发布各类供求消息，解决销售难的问题。

（三）推是通过村级益农信息社站点、网页、"12316"三农服务热线等开展线上线下相结合的信息服务，精准推送农业生产经营、政策法规、村务公开、惠农补贴查询、法律咨询、就业、产业扶贫等公益服务信息及现场咨询。

（四）缴是为村民代缴话费、水电费、燃气费、有线电视费、宽带费、医疗保险等，使村民不出村、新型农业经营主体不出户即可办理相关业务事项。

（五）代是为村民代办车票预订、婚庆、租车、邮政、金融、快递、旅游、彩票等商业服务。

（六）取是为村民提供快递信件代收、养老保险代取、小额取款等业务，方便本村村民生活。

第十六条　深入了解本村村民生产生活及信息需求，对本村网页需要的图文信息资料等进行收集、加工、采编、美化、上传，并定期更新。

第十七条　负责村级益农信息社管理，做到室内物品摆放有序，各种设备整洁无尘，使之处于良好运行状态。

第四章　考核方式

第十八条　考核按照年度进行，于每年年末或次年年初开展。

第十九条　考核采取线上、线下相结合的方式，线上考核通过信息进村入户综合信息服务平台检查数据信息上传和服务记录情况，线下考核采取实地检查或抽查。

第五章　考核结果应用

第二十条　信息员考核结果分为优秀、合格、不合格。考核结果≥90分的为优秀；70分≤考核结果＜90分的为合格；考核结果＜70分的为不合格。对考核为优秀的信息员给予通报表扬；对当年考核不合格的信息员给予提醒，加强培训；对连续两年考核不合格的信息员，终止其信息员资格。

第二十一条　对违法违规经营的村级信息员，终止其信息员资格，依法依规追究其责任；构成犯罪的，依法追究刑事责任。

第二十二条　村级益农信息社及村级信息员的考核结果由当地领导小组办公室和运营商逐级上报省领导小组办公室备案。

附　则

第二十三条　本办法由省领导小组办公室负责解释。

第二十四条　本办法自发布之日起施行。

附　　件

河南省信息进村入户工程村级益农信息社及村级信息员管理考核评分表

序号	考核主题	考核内容	分值	考核方式
1	益农信息社站点（35分）	有场所：经营面积不少于20平方米，有合法的经营执照	5	普查
		有人员：信息员人员不少于1名，并通过上岗培训	5	
		有设备：按照《实施方案》规定的村级益农信息社建设标准和设备清单，对应站点类型，配齐配好设备	5	
		有宽带：带宽接入速率不低于50M，能提供Wi-Fi环境，并能长期保证宽带不中断	5	
		有网页：拥有村级益农信息社所在村的专属网页，内容丰富，具有本地特色农产品的图文展示，每周信息更新数量不低于5条	5	
		有持续运营能力：对接通信、电商、金融、农资等各类企业不低于10家，代理的经营性业务不低于10项	5	
		形象展示："益农信息社"标识醒目，站点内展示有清晰的服务目录和服务流程，形象美观大方	5	

序号	考核主题	考核内容	分值	考核方式
2	信息员 （20分）	对信息员规章制度执行情况进行考核：做到村民无投诉、按时更新网页内容、在本村有宣传益农信息社广告	5	普查
		对信息员操作技能进行考核，能够熟练使用电脑、注册账号、上传图片、文字等功能，生成本村特色网页、不断完善内容	5	
		线下有经营实体，为村民提供公益、便民、电子商务、培训体验服务，并具有详细的服务、交易记录	5	
		清晰阐述益农信息社服务清单、工作职责、12316服务流程	5	
3	设备保护 （20分）	门头、制度牌、形象墙、信息栏、宣传装饰等比较完好，无明显破损	10	普查
		保护好配发的设备及数量，设备不得挪为他用和丢失，保证设备能开展益农信息社的各项业务	10	
4	服务内容 （25分）	为农民提供服务次数考核： 1. 便民服务次数一年内平均每月不少于50次； 2. 公益服务次数一年内平均每月不少于50次； 3. 培训推广益农信息社APP次数，一年内平均每月不少于20次	15	普查

续　表

序号	考核主题	考核内容	分值	考核方式
4	服务内容（25分）	4. 通过益农信息社信息服务平台或者站点对接的其他信息服务平台（邮乐购、供销 e 家、淘宝、京东、苏宁等）开展农产品上行和农资、生活用品代买代购等电子商务。综合考虑益农信息社所在行政村的大小、常住人口数量等因素，对益农信息社开展电子商务的订单数量、交易额度等指标进行合理评价	10	普查

河南省开展信息进村入户工程整省推进示范村级信息员培训实施方案

豫信农办〔2017〕5号

根据 2017 年中央一号文件和省委一号文件关于开展信息进村入户工程的有关要求，按照《河南省人民政府办公厅关于印发河南省开展信息进村入户工程整省推进示范加快"互联网＋"现代农业发展实施方案的通知》（豫政办〔2017〕105 号）和《河南省农业厅关于印发河南省 2017 年新型职业农民培育工作实施方案的通知》（豫农科教〔2017〕27 号），为切实做好村级信息员培训，确保我省信息进村入户工程整省推进示范顺利开展，制订本方案。

一、指导思想

贯彻党的十九大精神，落实党的十九大报告中关于实施乡村振兴战略的要求，以培养造就一支懂农业、爱农村、爱农民的"三农"服务队伍为目标，通过开展村级信息员培训，提升益农信息社服务水平和可持续运营能力，进一步推动现代信息技术和理念进万村、惠万民，为加快"互联网＋"现代农业发展和建设现代农业强省提供支撑。

二、目标任务

到 2017 年年底，对全省 37600 个村级信息员完成首轮培训，达到"有文化、懂信息、能服务、会经营"的标准。

三、培训对象、时间和补助标准

（一）培训对象

经过各县（市、区）遴选确定，拟为村级益农信息社配备的村级信息员。每个村级益农信息社暂定 1 人。

（二）培训时间

累计培训时间不少于 7 天，每天按照 8 个学时计算，一个学时为 60 分钟，共计 56 个学时。

（三）补助标准

每人补助 800 元。

四、培训内容

主要包括信息技术基础知识、服务技能和农业农村政策。

（一）基础知识

1. 电脑、智能手机的操作使用方法、基本应用技能和常用的电脑软件、手机软件（APP）的下载与应用。

2. 互联网、移动互联网、物联网、大数据、云计算等现代信息技术的基础知识和电子商务、共享经济等互联网时代新思维、新模式的应用案例。

3. 传统农业与现代农业的内涵、区别以及发展过程。

4. 农业农村信息化基础知识，包括农业农村信息化的概念和内涵，农业农村信息采集的原则、方法和重点，农业农村信息的整理、分析和加工，农业农村信息传播的方式、方法，农业农村信息服务的原则、方法和内容等。

5. 农业农村电子商务的内涵、发展思路、主要模式、应用前景、发展策略和经典案例解读等，重点培训特色农产品"触网"上行的策略和方法。

6. 农业物联网、农产品质量安全追溯基础知识培训。

7. 根据各地"三农"发展实际需要，应掌握的相关基础知识。

（二）服务技能

1. 村级益农信息社配置的 Wi-Fi、12316 电话、便民信息播放终端等设备的应用服务技能。

2. 河南省省级信息进村入户综合信息服务平台、H5 手机综合管理系统（包括独立 APP 和微信公众号）的操作和应用，以及信息获取、上传、发布、更新和统计分析的方式、方法。

3. 益农信息社拥有的公益、便民、电商、培训体验等各类公益性服务和商业性服务资源的应用和推广。

4. 电商网店的运营推广以及农产品品牌的宣传培育。

5. 村级益农信息社服务流程、信息员职责等信息进村入户工程有关规章制度。

6. 与网络金融、保险、教育、文化、医疗、乡村旅游相关的实用技术以及网络防诈骗知识等。

7. 农业物联网、农产品质量安全追溯、农产品电商等软件平台和智能设备操作技能。

8. 根据各地"三农"发展实际需要，应掌握的相关技能。

（三）农业农村政策

1. 国家和各级政府当前制定的强农惠农政策，包括农民直接补贴、支持新型农业经营主体发展、支持农业结构调整、支持农村产业融合发展、支持绿色高效技术推广服务、支持农业防灾救灾等方面的政策。

2. 中央、省委省政府关于农业农村信息化建设的相关政策。

3. 中央、省委省政府关于开展信息进村入户工程整省推进示范的相关政策。

五、培训方式

采取"集中培训＋上门培训＋网络培训"的多元化培训模式。

（一）集中培训

集中培训是把各县（市、区）的村级信息员集中到指定的培训地点进行强化培训，具体可通过专家现场授课、基地实训（现场观摩学习）等方式开展。为充分发挥益农信息社专业站提高农业生产智能化和经营网络化水平的作用，专业站信息员的集中培训原则上应选择在农业物联网、农产品质量安全追溯、农业电子商务、农业企业信息化等方面具有先进的智能设备、成熟的软件应用系统以实践应用案例的农业信息化综合培训体验基地开展，课程设置必须安排有现场观摩学习和现场体验操作环节。集中培训累计培训时间为 3 天，共计 24 个学时，每人补助标准为 600 元，用于村级信息员培训的往返路费、食宿费、场地费、结业证书制作费、专家授课费等。

（二）上门培训

上门培训即上岗培训，是运营商在村级益农信息社建设过程中，安排专门的运营指导人员或技术指导人员，围绕信息平台的注册使用、设备的使用维护等内容，对村级益农信息社的村级信息员进行面对面、一对一的培训。累计培训时间为 2 天，共计 16 个学时，每人补助标准为 200 元，用于专业培训人员的上门指导费用。

（三）网络培训

网络培训是通过网络电视、电脑、智能手机等媒介，对村级信息员提供远程教育。一方面，依托省级信息进村入户综合信息服务平台、"12316"三农服务热线、网络远程视频终端等载体，为村级信息员提供电脑、智能手机、农业物联网等智能设备的操作指导，提供农业生产经营、农业农村信息化、农民手机应用 APP 等先进技术和理念的培训体验。另一方面，利用农业 APP 或涉农信息服务平台开展网络辅助培训，其中基础知识和服务技能（村级益农信息社培训课程）为必修课程，公共基础课、经营管理课、产业技术课和共享课（种植养殖视频课程）为选修课程，所有课程免费收视。累计培训时间为 2 天，共计 16 个学时。用于统计信息员在线培训的课程、时长和建立开班电子档案的费用从上门培训的费用中支出。

六、组织实施

（一）培训主体

培训工作由各省辖市、省直管县（市）信息进村入户工作领导小组办公室（以下简称领导小组办公室）负责组织，各县（市、区）领导小组办公室和运营商具体开展。

（二）任务分解

各省辖市、省直管县（市）根据村级益农信息社的建设任务确定村级信息员的培训任务，每个益农信息社对应一名村级信息员。

（三）培训基地确定

各省辖市、省直管县（市）领导小组办公室根据培训任务、内容及相关要求，按照公开、公正、公平的原则，择优确定培训基地。培训基地应具备以下基本条件：具有独立法人资格的行业培训中心或社会培训机构（农民专业合作社和农业龙头企业除外）；自愿在领导小组办公室的指导下承担培训任务；具备相应的教学实训条件和专家资源，集中培训要具备相应的食宿条件；具有新型职业农民、村级信息员等农村实用人才培训的经历和经验；近三年无不良记录。

（四）培训开展

1. 制订培训计划。各县（市、区）领导小组办公室指导运营商编制具体培训计划和课时计划，报所属的省辖市领导小组办公室审批后实施，确保培训人数、培训时间、培训内容落到实处。

2. 遴选培训师资。培训基地要聘请了解农村、熟悉农业、贴近农民、懂信息、具有一定资质和丰富实践或教学经验的培训教师、专家，作为村级信息员培训师资。聘请的教师或专家要有聘书，省开展信息进村入户工程整省推进示范加快"互联网＋"现代农业发展领导小组办公室（以下简称省领导小组办公室）将建立健全村级信息员培训师资库。

3. 编发培训教材。省领导小组办公室统一发放培训教材，确保每个参训村级信息员人手一套。

4. 实施班级管理。各县（市、区）领导小组办公室要指导培训基地对辖区内参训的村级信息员建立规范的班级管理制度，选好班主任，负责班级的日常管理；成立班委会，加强村级信息员之间的互相交流和自我管理，保证培训工作顺畅有序；每个培训班都要建立村级信息员花名册，按班次由村级信息员本人对参训情况进行签字，培训基地按要求上报相关部门并存档；组织村级信息员在培训结束时填写《河南省开展信息进村入户工程整省推进示范村级信息员培训满意度测评表》（见附件1）。

5. 组织培训考核。培训班结束时，培训基地要组织参训信息员进行考试，有条件的，鼓励进行现场技能测试，对考试合格的村级信息员颁发结业证书。要加强与相关农业行业职业技能鉴定部门的协调，鼓励和引导受训信息员接受职业技能鉴定，促进提高培训实效性。

6. 建立培训档案。各县（市、区）领导小组办公室指导运营商及培训基地应建立培训档案，填写《河南省开展信息进村入户工程整省推进示范村级信息员培训台账》（见附件2）。

7. 培训管理和验收。各县（市、区）领导小组办公室应派人逐班次讲解信息进村入户工程相关政策，核实村级信息员培训情况，听取村级信息员建议，公布联系电话，发动村级信息员对培训情况进行监督，并按班次填写《河南省开展信息进村入户工程整省推进示范村级信息员培训班现场核查记录表》（见附件3）；培训结束后，要通过检查培训档案、村级信息员抽查等方式逐班次对培训情况进行检查验收，并填写《河南省开展信息进村入户工程整省推进示范村级信息员培训验收报告单》（见附件4）。验收不合格的，要出具整改通知并督促整改到位。验收以教学计划、教材讲义、培训台账、培训现场照片、录像资料、现场核查记录为凭证。

七、保障措施

（一）强化思想认识

各省辖市、省直管县（市）领导小组办公室要加强研究，掌握规律，建立工作协调机制，统筹谋划，将村级信息员培训工作摆在突出位置，明确责任人、确定时间表，层层抓落实，形成上下联动、齐抓共管、合力推进的工作格局。要抓紧时间细化实施方案，明确目标任务、进度安排、保障措施和监督考核等内容。各省辖市、省直管县（市）领导小组办公室实施方案于11月20日前报送省领导小组办公室备案。

（二）加强监督检查

省领导小组办公室将派出督导组和培训组，定期或不定期通过线上核查信息员数据信息、线下实地检查抽查等方式进行监管，并在年底对各省辖市、省直管县（市）的培训任务完成、工作监管、资金使用、信息报送、制度建设、培训方式创新等情况进行评估考核；各省辖市、省直管县（市）领导小组办公室要加强督导，定期检查；各县（市、区）领导小组办公室对指标任务完成、培训基地认定质量、项目进展、培训记录、每个培训基地办班的监管验收等事项负责；运营商和培训基地对培训对象、培训时间、培训内容、培训师资和培训质量负责。

（三）规范经费使用

村级信息员培训经费主要用于补助运营商或培训基地对村级信息员开展免费培训的相关支出。各省辖市、省直管县（市）领导小组办公室要加强培训补助资金监督检查，提高资金使用效益。严禁骗取、套取、挪用、贪污等违规使用资金的行为发生。发现违纪违规问题的要及时整改并依法依规严肃处理。

（四）强化业务培训

省领导小组办公室将对省辖市、省直管县（市）及县（市、区）领导小组办公室负责信息进村入户的工作人员、运营商和培训基地的有关负责同志、培训教师开展培训，系统介绍信息进村入户工程的政策、内容、标准规范等，提高素质和业务水平。

（五）完善信息报送

各省辖市、省直管县（市）信息进村入户领导小组办公室要有专人报送村级信息员培训进展情况，及时报送培训工作简报、先进典型等信息，每周至少 1条；11 月 30 日前报送阶段工作总结；12 月 20 日前报送培训工作总结。

（六）加大宣传力度

要充分利用电视、报刊、互联网、微信等媒介，加强信息进村入户工程政策和村级信息员先进典型宣传，帮助广大农民获得信息进村入户带来的实惠，提高生产经营水平，增加收入。

附件1

河南省开展信息进村入户工程整省推进
示范村级信息员满意度测评表

班级名称：××市（省辖市或省直管县）××县××培训基地××期培训班

项目＼评价	优	良	差
授课教师			
组织后勤服务情况			
学习收获			
有何意见、建议			
	签名：		

注：1. 此表由参训村级信息员本人填写，在相应选项内打√。每期办班结束后
       回收。
    2. 数量须超过村级信息员数量的50％。

附件2

河南省开展信息进村入户工程整省推进示范村级信息员培训台帐

培训基地：（盖章）　　　　　　第　　　期　　　班　　　建账时间：　　　年　　　月　　　日

序号	姓名	性别	身份证号	文化程度	经营的益农信息社所在行政村名称	培训内容	培训起止时间及天数	村级信息员签字	电话号码

班主任签字：　　　　　　　　　　　　　　　　　　　运营商培训负责人签字：

附件 3

河南省开展信息进村入户工程整省推进
示范村级信息员培训班现场核查记录表

县（市、区）			
培训基地			
培训班名称	期　　班		
办班地点			
办班起止时间	年　　月　　日至　　年　　月　　日		
核查日期	年　　月　　日		
现场核实村级信息员人数			
是否讲解信息进村入户工程政策□　　是否公布监督电话□			
核查人员签字		培训基地 人员签字	
备注			

注：1. 此表为村级信息员培训核查用表，一式 2 份，由县（市、区）信息进村
入户领导小组办公室、培训基地分别存档。

2. 如果培训班分段进行时间安排可在备注里说明。

3. 培训基地人员为现场组织管理负责人员。

4. 核查时间可为一次或几次的时间，均填在一格内，多次核查的现场核实
村级信息员人数与之对应填写。

5. 用 A4 纸粘贴现场核查照片 2 张，附后。

6. 是在□打√，否在□打×。

附件 4

河南省开展信息进村入户工程整省推进
示范村级信息员培训验收报告单

县（市、区）	
培训基地	
验收班次	期　　　　班
办班地点	
验收重点内容	1. 培训时间　　　　2. 培训人数 3. 培训台账　　　　4. 资金使用 5. 身份证复印件　　6. 教学计划 7. 培训教材　　　　8. 培训现场照片 9. 村级信息员满意度测评情况
确认人数	
验收结论	合　格□　不合格□
验收不合格的 主要问题及 整改意见	

验收组组长（签字） 验收组组员（签字） 　　　　　年　月　日	培训基地负责人（签字） 　　　　　年　月　日

注：1. 本表一式 4 份（正反面打印），省领导小组办公室、省辖市领导小组办
　　　公室、县（市、区）领导小组办公室、培训基地各 1 份。

　　2. 合格或不合格在对应□打√。